살아 보니, 진화

33한 프로젝트

이권우×이명현×이정모+장대익

강양구 기획·정리

살아 보니, 진화

변한 것
변하고 있는 것
변하지 않는 것

사이언스북스
SCIENCE BOOKS

일러두기

이 책은 2023년 3월 11일(토) 강남출판문화센터 지하 1층
민음사 스튜디오에서 이루어진 좌담을 바탕으로 만들어진 것입니다.

이토록 아름다운 환갑을 맞으려면:
50플러스를 위한 진화학자의 제언

2023년, 환갑을 맞은 중년 남성 3명이 전국을 유랑하며 강연회를 열었다. 강연료도 받지 않고(그렇게 고액 강사들은 아니다.) 지역의 작은 책방과 도서관 등을 돌며 독자들을 만나 함께 수다를 떨고 교감했다. 강연 자료를 준비한 날도 있었지만, 주제만 공유하고 자유롭게 이야기하는 때도 있었다고 한다. 강연이 끝나면 그 동네의 맛집을 돌며 먹고(미식가들은 아니다.) 마시고(애주가들이기는 하다.) 또 떠들었다. (수다쟁이들이다.) 나도 여름의 끝자락 제주에서 열린 강연회에 함께했는데, 나의 환갑을 상상해 보는 즐거운 자리기도 했다.

이 대담집은 환갑삼이(還甲三李) 강연 투어의 중간 시점에 만나 함께 나눈 대담을 엮은 책이다. 여기에는 이 대담 프로젝트의 기획자인 강양구 기자가 동참해서 사회를 맡았는데, 나는 환갑삼이의 절친 후배로서 즐겁게 대담에 참여했고, 아니나 다를까 쉽지 않은 숙제를 부여받았다. 진화학자의 관점에서 그들을 위한 덕담을 하라는 것. 최근 들어 받은 가장 난감한 글쓰기 과제였다. 고심 끝에 대상을 확장해 아예 50플러스(50대 이상인 사람)를 위해 진화학자가 할 수 있는 몇 가지 제언을 담아 보기로 했다. 60플러스가 아니라 50플러스인 이유는, 60대는 50대부터 준비해야 하기 때문이다.

생애사의 진화

어제 한국에서 태어난 아기는 몇 명인 줄 아는가? 대략 800명이라고 한다. 이중에서 몇이나 2123년까지 살아 있을 것이라 예상하는가? 무려 400명 이상이 100세를 맞이할 전망이란다. 단, 기후 재앙, 식량 위기, 핵전쟁 같은 일들이 일어나지 않는다면 말이다. 130여 년 전 인류의 평균 수명은 몇 세였을까? 고작 30세였다. 각종 전염병으로 인한 영유아 사망률이 높았기 때문이다. 최근 유전학 연구에 따르면 인간의 자연 수명은 겨우 대략 38세다. 그러니 인류의 수명이 이렇게 획기적으로 늘어난 것은 백신을 비롯한 의료와 보건의 비약적 발전 때문이라고밖에 할 수 없다. 현재 우리 한국인은 대략 평균 83세 정도는 산다. '100세 시대'가 더 이상 꿈은 아니다.

100세 인생을 '꿈'이라고 할 만큼 좋은 것일까? 부정적 시각도 만만치 않다. "80세도 지겹다. 100세까지 살아서 뭐하나, 100세를 살면 80세까지는 일해야 먹고살 텐데 힘들어서 어쩌나, 60세까지도 비루하게 살았는데 40년을 더 비참하게 살라는 말이냐……." 노인 자살률이 최고인 국가에서는 곧바로 터져 나올 법한 반응들이다. 하지만 한번 늘어나기 시작한 수명을 억지로 줄이기는 쉽지 않다. 인간은 압도적으로 죽음보다는 삶을 선택하기 때문이다. 큰 이변이 없는 한 인류의 수명은 과학 기술 발전과 함께 증가 추세를 따를 것이다. 물론 자연적으로 120세 이상을 살 수 있을까에 대해서는 회의적인 학자들이 많지만, 우리가 원하든 그렇지 않든 100세 시대는 결국 오고야 말 것이다.

우리는 이미 65세 이상 인구가 1000만 이상인 사회로 이행되는 시점에 도달해 있다. 그렇다면 우리 삶의 양식은 어떻게 바뀌게 될까? 우선, 60세 전후의 은퇴를 전제로 하는 현재의 노동 시장과 이를 근거로 한 복지 제도에 대해서는 근본적 수정이 불가피해 보인다. (하지만 이 문제와 관련해서는 전문성이 없어서 여기서는 다루지 않겠다.) 물론, 이 고령화 문제(인구의 14퍼센트가 65세 이상인 조직의 문제)는 전 세계적 현상이다.

게다가 우리나라는 합계 출산율이 1983년에 1.30 이하로 떨어지고 나서는 지금까지 단 한 번도 2.0으로 반등한 적이 없는 저출산 국가이기도 하다. 설상가상으로 2002년부터는 1.30 이하를 3년 이상 지속한 초저출산 국가가 되었으며 급기야 올해에는 합계 출산율 0.78을 기록 중이다. 우리는 아이가 사라지는 나라에 살고 있다. 이 때문에 많은 사람이 생산 가능 인구(만 15~64세)의 급감을 크게 걱정하고 있는데, 실제로 매년 생산 가능 인구가 10만~20만 명씩 감소하고 있고 이 추세는 더 가팔라질 전망이다.

하지만 엄밀히 말해 초저출산 문제는 글로벌한 이슈가 아니다. 국내 문제일 뿐이다. 물론 생산성 급감과 국가 경쟁력 하락은 매우 심각하고 치명적일 수 있는, 우리가 꼭 해결해야 할 문제다. 하지만 진짜 문제는 따로 있다. 그것은 우리 사회가 아이를 낳아 키우는 것을 행복한 경험으로 느끼지 못하게 하는 집단이라는 것이다. 초저출산은 결과이지 원인이 아니다.

반면, 고령화는 글로벌한 현상으로서 인류 전체가 겪고 있는 큰 변화다. 진화학자의 관점에서 보자면, 이런 변화는

'생애사(life history)의 진화'라고 할 수 있다. 30만 년 전에 탄생한 인류는, 과학과 의료 기술이 비약적 발전을 하기 직전인 200년 전까지만 해도 태어나 자라서 짝짓기(mating)를 하고 자손을 낳아 양육하다가 대략 40대에 죽었다. 이제는 그 40년만큼을 더 살고 있으니, 기존의 생애사는 바뀔 수밖에 없다. 동물 중 자신의 자연 수명을 2배 이상 늘리는 데 성공한 종은 호모 사피엔스(*Homo sapiens*)뿐이다. 이에 따라 수렵채집기에 잘 적응되어 있던 짝짓기 본능과 양육 본능도 새로운 환경을 만나게 되었다. 죽음에 대한 태도와 인식도 변화될 가능성이 높다.

인생은 고통이고 그 고통의 고리를 끊는 게 해탈이라고 믿는 사람들은 인류의 이런 고령화 추세가 달갑지 않을 수 있다. 생존 자체가 힘든 사람들에게도 수명 연장은 고통 연장일 가능성이 높다. 반면 자원을 많이 소유한 사람들에게 수명 연장은 더 번영할 수 있는 또 한 번의 기회를 제공할 것이다. 여러분의 인생을 위한 가용 자원이 많든 적든, 어떤 신조를 갖고 살건, 새 시대를 위해서는 새로운 마음가짐과 전략이 필요하다. 그 첫 번째는 학습에 대한 새로운 인식과 전략이다.

긱 아카데미(gig academy)의 시대

지금의 60세는 건강 면에서 과거의 40대와 유사하면서 경험 면에서는 20년 치가 더 많다. 사회 구조가 은퇴를 강요할 뿐이지 실제로도 더 유능하게 오래 일할 수 있다. 국가와 기업이 그들을 활용할 제도와 정책적 준비에 미흡할 뿐이다. (그렇다고 법적으로 정년을 연장해야 한다는 뜻은 아니다. 이 문제는 훨씬 더 복잡하다.) 『100세 인생(*The 100-year life*)』의 저자인 런던 정치 경제 대학교의 린다 그래튼(Lynda Gratton) 교수는 '교육(공부) → 일 → 은퇴'라는 3단계 인생 시대는 끝나 가고 있다고 주장했다. 그녀에 따르면, 이제 전일제 학생, 풀타임 직장인, 은퇴자라는 용어는 사라질 것이며, 이 세 단계가 섞여 있는 복합적 인생이 펼쳐질 것이다.

사실, 은퇴(retire)라는 용어 자체가 우리 시대에 적절한지를 따져 볼 필요가 있다. 누군가 '은퇴'란 인생에서 다시(re) 타이어(tire)를 갈아 끼워 또 한 번 달릴 준비를 하는 행위라고도 유쾌하게 풀이한다. 새로운 출발의 의미다. 하지만 이 용어 자체가 공부 → 일 → 은퇴라는 단선적 생애사 프레임에서 만들어졌기에 조금 다른 용어를 제안해 보고 싶다. 피

살아 보니, 진화

버팅(pivoting)!

피벗(pivot)은 원래 농구 경기에서 공을 가진 선수가 한 발을 축으로 해 몸의 방향을 바꾸는 동작을 의미한다. 이때 중요한 것은 축이 되는 중심 발은 항상 바닥에 붙어 있어야 한다는 점이다. 따라서 인생에서의 피버팅이란, 그동안 인생에서 쌓아 온 자원(지적, 인적, 물질적 자원)을 중심축으로 삼되 삶의 방향을 바꾸는 동작이다. 우리는 그 누구도 백지에서 새롭게 출발할 수 없다. 설령 인생에서 은퇴라는 게 있고, 실제로 은퇴를 하고, 완전히 다른 인생을 사는 것처럼 보이는 분들에게도 중심 발이 없는 사람은 없다. 중심 발이 없는 사람은 허공을 떠다니는 비현실적 존재일 뿐이다. 이런 맥락에서 환갑삼이는 공부를 끝내고 일을 하다가 은퇴를 한 후, 다시 새출발하는 그런 분들이 아니다. 그저 인생에서 또 한 번의 피버팅을 하고 있는, 이미 피버팅의 과거가 있는 분들이다.

그렇다면 인생의 피버팅을 준비하는 50플러스에게 제일 필요한 것은 무엇일까? 그것은 새로운 교육이다. 고령화 시대를 준비하려면 먼저 교육 대상을 재정의하는 일부터 해야 한다. 만일 지금 외계인이 인류의 학교(교육 체계)를 관찰

하고 보고서를 쓴다면 어떤 결론을 내릴까? 틀림없이 "인류는 대학에 가기 위해서, 그리고 대학 교육을 위해서 교육 예산의 대부분을 지출한다."라고 할 것이다. 그리고 "20세까지만 교육을 시키고 나머지 60년은 알아서 하라고 한다."라며 의아해할지 모른다. 사실상 우리에게 '교육비'란 3~23세에 지출하는 교육과 학습을 위한 비용이다. 그 후로 3배의 기간(60년) 동안 교육으로부터 방치되어 버린다. 현재의 교육 시스템은 20대에 대학에 들어가 공부한 후 60년을 버텨야 하는 구조다. 인류의 고등 교육은 기껏해야 첫 직장을 잡는 데 유용할 뿐인데 말이다.

교육에서 소외된 우리의 50플러스의 인생을 보라. 우리나라의 경우, 인구 통계적 변화만으로도 앞으로는 대학 입시를 위한 중·고등학생 교육 수요보다는 현실을 돌파하기 위해 몸부림치는 50플러스를 위한 교육 수요가 더욱 크고 강력해질 것이다. 게다가 전 세계적으로 과학 기술의 급격한 변화(AI, 로봇, 블록 체인, 유전자 편집 등)때문에 배움의 주제가 다양해지고 배움의 속도도 엄청나게 빨라졌다. 이런 지식의 진화 속도를 따라가지 못한다면 세대 간 격차는 더욱 크게 벌어질 것이다. 학습 능력이 부족한 50플러스는 그렇지 않은 존재들에게 계속 밀리게 될 것이다. 따라서 지금 50플러스에게 절실한 것은 그들을 위한 맞춤형 교육이라고 할 수 있다.

이미 '평생 교육', '평생 학습'이라는 이름의 프로그램들이 있지 않냐고 반문할 수도 있다. 유튜브에 수많은 지식 콘텐츠가 매일 올라오고, 코세라(Coursera)를 비롯한 각종 무크(MOOC, 온라인 대중 공개 수업) 플랫폼에도 양질의 교육 콘텐츠가 넘치니 인류가 자연스럽게 온라인 평생 학습으로 전환하고 있다고도 할 수 있을 것이다. 하지만 평생 학습이라는 개념 자체는 대학이 시민을 위한 '서비스' 차원에서 만들어진 것이기 때문에 여전히 그 개념을 넘지 못하고 있다. 또한 팬데믹 시기 동안 인류 전체가 온라인 학습에 익숙해졌지만 그 후에는 언제 그랬냐는 듯 곧바로 오프라인으로 되돌아가 버렸다. 온/오프가 섞여 있는 하이브리드가 대세가 되리라는 예견들이 있었지만, 온라인 방식의 교육은 아직 여전히 보조 장치 수준을 넘지 못하고 있다.

온라인에 아무리 좋은 강연이 널려 있어도 그것만으로는 오프라인 학교를 대신할 수 없다. 그 이유도 진화의 눈으로 봐야 한다. 사피엔스의 경우, 교육의 본질은 가르침만

이 아니었다. 멘토링, 코칭, 함께 경험하기, 협력하기 등도 교육 활동의 핵심이었다. 교육자는 지난 30만 년 동안 오프라인에서 대면으로 이런 행위들을 통해 피교육자를 지도해 왔다. 인류가 비대면 온라인 교육을 시작한 지는 최근 30년이다. 겨우 30년으로 교육의 본질이 바뀌지는 않는다. 온라인 교육에는 개인화, 반복성, 규모, 동시성 등의 많은 장점이 있다. 하지만 아직은 한계도 명확하다. 오프라인 교육에서 줄 수 있는 생생한 상호 작용, 실재감, 능동성 등은 온라인으로 구현하기 제일 까다로운 특성들이다.

교육 대상의 무게 중심을 20대가 아니라 50플러스로 이동시키려면 우리 사회는 어떻게 달라져야 할까? 대학 제도는 길게는 1,000년, 짧게는 500년 전에 유럽에서 시작된 시스템이다. 그때 인류는 20세까지 배우고 30년을 활용하다 죽음을 맞는 식이었고, 배움은 그나마 소수 엘리트만 누릴 수 있는 특권이었다. 이 특권이 확대되어 적어도 지금 한국은 고등학교 졸업자의 약 70퍼센트가 대학에 간다. 그리고 각 가정 교육 예산의 거의 전부와 국가 교육 재정의 대부분이 대학을 정점으로 사용된다. 마치 대학 졸업 후 30년만 살다 죽을 것처럼 교육비를 대학에서 소진한다. 이것은 500년 전의 관행이며 명백한 퇴행이다. 교육 자원을 생애의 여러 단계로 분산해야 마땅하다. 그래야 100세까지 지혜롭게 사는 시민들을 길러낼 수 있다.

대학에서 학생을 가르치다 보면 과식(過識)으로 소화 불량인 학생들을 자주 만난다. 아무리 중요한 지식과 통찰을 전달해도 시큰둥하다. 배움의 자세가 안 된 학생들도 시큰둥하기는 마찬가지다. 하지만 산전수전을 다 겪으며 지식과 지혜에 갈급한 50플러스의 눈망울은 초롱초롱하기 그지없다. 이 잊혀진 존재들은 자기만의 방식으로 자신의 필요에 맞게 지식을 흡수하고 응용할 수 있는 학생들이다. 마치 희망의 나라로 이주한 지식 난민들 같다. 국가와 대학, 그리고 가정이 20대까지 쓰는 교육 예산의 10분의 1이라도 50플러스에게 쓸 수 있다면 세상은 크게 달라질 것이다. 50플러스는 목말라 있다. 목마른 그들에게 생수를 주자. 그래서 목을 축이고 자신뿐 아니라 자신의 자녀, 그리고 우리 사회를 돌아보게 하자.

어릴수록 교육 효과가 클 것이라는 전제부터 의심해 봐야 하는 것은 아닐까? 신경 과학자들에 따르면, 책을 읽으면, 심지어 1주일만 저글링을 해도, 어른의 뇌는 변한다. 최근 뇌과학자들은 뇌가 경험과 학습에 따라 많이 변할 수 있다는 사실에 놀라고 있다. 이를 뇌의 '가소성(plasticity)'이라고 하는데, 실제로 뇌는 해부학적으로도 변화할 수 있다. 즉 우리가 어떻게 뇌를 쓰느냐에 따라, 그리고 어떤 생각을 하느냐에 따라 달라진다. 독서는 인지적, 정서적 뇌를 모두 변화시키는 가소성의 원천이다. 이것은 책이 청년뿐만 아니라 50플러스의 삶도 변화시킬 수 있는 원천임을 말해 준다. 성장하려면 책 읽기를 멈춰서는 안 된다. "공부에는 때가 있다."라고들 하는데, 이건 공부하기 싫은 출세 지향적 어른들이 자녀들을 협박하기 위해 발명한 명제이다.

50플러스의 배움에 대한 결론은 단순하다. 인생의 피버팅을 위해 온/오프라인을 적절히 활용해 계속 배우고 성장하시오. 공부에는 때가 없다. 곳도 없다. 언제 어디서든 원하고 필요할 때 배워야 성장하고 만족스럽다. 이제 긱 이코노미(gig economy)가 쏘아 올린 긱 아카데미(gig academy)의 시대를 두 팔 벌려 환영할 때이다.

외로움의 시대, 관계를 정리하고 확장하라

실존주의 철학자 장폴 사르트르(Jean-Paul Sartre)는 희곡 「출구 없는 방(Huis Clos)」(1944년)에서 "타인은 지옥"이라고 했지만, 어쩌면 '타인 없는 세계는 더 불행한 지옥'일 것이다. 인간은 태어날 때부터 관계에 목말라 있다. 갓난아기는 빨고 물고 울며 웃는다. 다 엄마를 붙들어 놓으려는 전략이다. 활짝 웃는 아기를 놓고 매몰차게 떠나기는 결코 쉽지 않다. '우는 아기 젖 한 번 더 주는' 법이다. 엄마가 주변에 보이지 않을 때 아기들이 겪는 분리 고통은 말 그대로 고통이다. 고통스러워야 더 서럽게 울 수 있고 그래야 엄마가 떠나지 못하니까. 특히 사피엔스는 다른 영장류보다 훨씬 무력한 아기를 낳고 훨씬 더 긴 기간을 돌보게끔 진화했기 때문에 부모와 자식 간의 관계는 그 어떤 종보다 중요하다.

7세와 12세 사이의 아동기에도 관계는 매우 중요하다. 하지만 이 시기에는 관계의 채널이 하나 더 생긴다. 그 전의 채널이 주로 부모와 자식 간의 수직 관계였다면, 아동기부터는 친구 관계라는 수평적 채널이 본격화된다. 이때 본격적으로 등장하는 활동이 이른바 친구들과의 '놀이(play)'

다. 놀이는 모든 포유류가 즐기는 활동이다. 어린 침팬지나 곰, 심지어 쥐들도 서로 깨물고 뒹굴며 상대방의 힘을 느끼면서 관계를 만들어 간다. 놀이를 하고 나면 스트레스 호르몬이라고 알려진 코르티솔 수치가 전보다 낮아진다. 인간의 경우에는 놀이 목록에 역할 놀이(엄마-아빠 놀이, 전쟁 놀이 등)가 추가될 수 있기 때문에 감정 이입과 역지사지를 간접적으로 배울 수 있다. 사이코패스에 대한 놀라운 연구 결과 중 하나는 그들의 어린 시절에 놀이가 빠져 있다는 사실이다. 게다가 놀이는 미래에 벌어질 일에 대한 예행 연습이기도 하다.

청소년기(13~18세)는 어떤가? 이때야말로 '친구 따라 강남 가는' 시기다. 부모와의 관계는 시들해지고 친구의 말 한마디가 일상을 좌우하는 질풍노도의 시기다. 합리적 의사결정을 담당하는 뇌 이마겉질의 발달은 더딘데 정서를 담당하는 편도체가 폭풍 성장하는 시기다. 이 때문에 온순했던 우리 아이가 반항아로 변신한다. 흔히 이때 친구를 잘못 만나서 저 지경이 되었다고 남 탓을 하지만, 청소년기의 뇌가 불균형적으로 발달하기 때문에 일어나는 정상적인 일탈일 개연성이 높으니 크게 걱정할 일은 아니다. 여기에 친구의 영향력이 가장 센 시기이니 반항은 집단화된다. 이것이 이른바 '중2병'의 기원이다.

이렇게 청소년기에는 관계의 중심축이 가족에서 친구로 이동했을 뿐 관계를 맺고자 하는 인간의 근본적 욕망에는 변화가 없다. 사실 이 욕망은 죽을 때까지 간다. 이를 사회 심리학자 로이 바우마이스터(Roy Baumeister)는 "소속 욕구"라고 부른다. 초사회성(ultra-social) 동물인 인간은 누군가에게 소속됨으로써 만족감을 느낀다. 수없이 많은 연구에서 동료들과 즐거운 상호 작용을 하는 사람일수록 자존감이 높고, 더 행복하며, 정신과 신체가 모두 건강하다는 사실이 입증되었다.

반대로 타인과 연결되어 있지 않다는 느낌을 받을 때 정신 건강은 나빠지고 면역력도 떨어진다. 외로움은 매일 담배 한 갑을 피우는 행위만큼 위험하다는 연구도 있다. 집단 따돌림을 당할 때 피해자의 뇌에서 활성화되는 부위와 심각한 신체적 고통을 느낄 때 활성화되는 뇌 부위가 거의 유사하다는 연구도 잘 알려져 있다. 외로움은 말 그대로 고통이다. 고통의 진화적 기능은 그 고통의 원인으로부터 피하게 만드는 것이다. 따라서 외로움이라는 고통을 즐길 수 있는 사람은 없다. (이에 반해 고독은 자발적 관계 정리이기 때문에 즐길 수 있다.) 이것은 마치 엄지손가락에 압정을 박고는 웃을 수 없는 것과 같다. 실제로 외로운 사람들은 그렇지 않은 사람들에 비해 신체적, 정신적 건강의 모든 측면에서 더 나쁜 수치를 보여 준다.

청소년기에 강렬하게 시작된 소속 욕구는 50플러스에서도 지속된다. 오히려 노년기의 가장 큰 문제가 소속 욕구가 채워지지 않는 데에서 오는 외로움이라고 해야 할 상황이다. 그 많던 관계들이 하나둘 정리되고, 힘들게 키운 자식들은 독립했고, 집에는 덩그러니 강아지만 남아 나를 반기고 있지 않은가! 더 심각한 것은 수명 연장으로 인해 이러한 노년기가 훨씬 더 길어졌다는 사실이다. 이런 맥락에서 영국에서 고령화 사회의 문제를 해결하기 위해 최근에 '외로움 담당 장관(Minister for Loneliness)'이 임명된 것은 해외 토픽에만 나올 일이 아니다.

외로움의 반대말은 무엇일까? 사전에도 나오지 않는다. '외롭지 않음'이라고밖에 할 수 없다. 50플러스에 외롭지 않기 위해서는 무엇을 준비해야 할까? 역설적으로 첫 번째는 관계 정리다. 좋은 친구들을 더욱 가까이하고 나쁜 친구들

살아 보니, 진화

을 단호히 정리해야 한다. 관계가 복잡해지면 인생은 더 힘들어진다. 관계의 가지치기가 중요하다. 둘째가 바로 관계 확장이다. 세월이 지나면서 좋은 친구든 나쁜 친구든 하나둘 자연사할 테니, 열린 마음으로 젊었을 때보다 더 적극적으로 새로운 친구들도 사귀어야 한다. 틀림없이 인공 지능(artificial intelligence, AI)이나 로봇이 관계 확장의 대상으로 진화할 것이다. 세월이 더 지나면, 짜증도 내지 않는 그(것)들은 성가신 노인들의 외로움과 고통을 덜어 주는 최상의 반려자로 등극할 수도 있을 것이다.

100세 시대를 목전에 둔 인류가 직면한 문제들은 훨씬 더 다양하다. 하지만 지금 우리가 검토해 본 학습과 외로움의 이슈는 우리가 얼마나 행복하고 건강하게 인생을 살다 갈 것인가에 관한 근본적 주제에 해당된다. 공부는 50플러스에게도 큰 즐거움과 성장을 안겨 준다. 공부는 인생의 성공적 피버팅을 위한 가장 중요한 행위이다. 관계를 정리하고 새롭게 확장해 외롭지 않게 하는 것도 50플러스가 준비해야 하는 매우 중요한 과정이다.

환갑삼이는 끊임없이 공부해 온 사람들이다. 그래서 60세 이후의 그들의 피버팅이 기대된다. 그들의 주변에는 늘 좋은

사람들이 넘쳐난다. 그래서 그들은 외롭지 않다. 이보다 더
아름다운 환갑이 어디 있겠는가!

장대익

차례

1부

우리 이거
왜
해야 해?

"생물학적으로 아무 의미도 없는 시점이지만 인생을 한번 정리하기 좋은 때인 것 같아요. 그래서 수명이 길어져서 남들에게는 의미가 없어진 이 회갑을 우리끼리 이렇게 챙겨 보는 거죠."

장대익　저부터 말문을 열어 볼게요. 저는 강양구 기자님이 하자고 해서 무조건 한다고 했는데 계속해서 거부감이 들어요. 왜 회갑 잔치를 해야 해요? (웃음) 라이프스타일이 엄청나게 달라졌는데 지금 회갑이 무슨 의미가 있어요? 예전에야 평균 수명이 30세, 40세, 50세, 이랬으니까, 회갑까지 살아남은 걸 기념했지만.

강양구　저도 함께 판을 깔았지만, 솔직히 말해서 꼴불견이죠. (웃음)

장대익　재미있는 기획이긴 해요. (웃음) 예를 들어, 교수들 같은 경우에는 은퇴 5년을 앞둔 회갑을 맞으면 제자들이 스승의 학문적 성취를 기리는 글을 모아 책을 내기도 하고,

심포지엄을 하기도 해요. 그런데 오늘의 주인공 세 분은 그냥 오랫동안 인연을 맺은 친구들이잖아요. 마침 나이가 같고 마음도 맞아서 좋은 친구 관계를 유지했고.

이명현, 이정모 선생님은 과학 문화 활동을 오랫동안 해 왔고, 이권우 선생님은 독서 운동을 해 오셨죠. 세 분 모두 글 쓰는 작가이기도 하고요. 그러다 어느 날 술 먹다가, "우리 회갑인데 자축하자." 이러면서 이번 판이 시작된 거죠. 그래요, 다 좋은데 도대체 왜 후배들을 끼워 넣냐고.

이권우   후배들이 잘났잖아요? (웃음)

이정모   장대익 교수 얘기를 듣고 나니까 좀 억울한데요. 우리는 회갑 이벤트는 생각도 못 했어요. 그런데 장대익 교수가 먼저 부추겼잖아요. 회갑인데 작은 이벤트라도 하자고.

장대익   맞아요. 제주도에서 하는 세 사람 합동 강연 같은 걸 기획해서, '이참에 함께 제주도 여행이나 가자.' 이 정도의 아이디어였죠. 그런데 이건 그런 수준의 이벤트가 아니잖아요. 1년 열두 달 내내 전국을 돌아다니면서 대중 강연

을 하고, 심지어 이렇게 책까지 내고. '이게 도대체 뭔 일이래.' 하는 생각이 들지 않겠어요? (웃음)

이명현　처음에는 그냥 재미있는 아이디어였지요. 세 사람 모두 평생 관습을 따르는 일에 반감을 가지고 살아온 사람이잖아요. 그런데 막상 60대가 되니까, 다른 사람 다 하는 걸 핑계 삼아서 삶을 한번 매듭 짓고 가자, 이런 생각이 들더라고요. 마침 세 사람의 생각이 모두 비슷해서 남우세스럽지만 여기까지 오게 된 거죠.

이권우　통과 의례!

이명현　맞아요. 과거에는 인생의 고비마다 통과 의례가 명확했잖아요. 그런데 최근에는 평균 수명이 길어지고 먹고사는 일에 치이다 보니까 그런 통과 의례가 흐지부지된 측면이 있어요. 그런 통과 의례를 옛날 방식으로 지킬 필요는 없지만 다른 문화를 만드는 건 의미가 있다고 생각해요. 솔직히 지금까지 회갑, 고희 이런 통과 의례는 시쳇말로 "먹고 떨어져라." 이런 의도가 있었다고 보거든요. 그런 잔치를 해 주는 후손, 제자, 후배의 속마음에는, '지금까지 고생했다, 이만하면 됐으니 이제 뒷방으로 물러가라.' 이런 의도가 분명히 있었을 거예요.

이정모　지금 우리도 그런 마음이에요. (웃음)

이권우　알아서 '뒷방으로 가겠다.'라고 선언하는 거라고나 할까요?

애매한 나이, 60

강양구　지금 40대 후반인 후배 처지에서 세 분을 보면서 묻고 싶어요. 60대가 참 애매한 나이인 것 같아요. 예전의 60대는 명확하게 사회의 어른이었고 또 노인이었죠. 그런데 지금의 60대는 장년도 아니고 노년도 아닌 애매한 연령대가 되어 버렸어요. 공교롭게도 연금을 받는, 사회적으로 은퇴 세대라고 규정하는 나이도 만 65세고요.

이권우　일상 생활에서도 그래요. 노약자석에 앉기 민망

해요. (웃음)

강양구　일터에서도 그래요. 보통 만 60세나 만 62세, 운이 좋아도 만 65세에는 은퇴하잖아요. 그렇게 일터에서는 은퇴했는데, 정작 사회에서는 어른으로, 또 은퇴 세대로 공인을 못 받는 회색 지대. 그 애매한 시기를 10년 동안 보내야 비로소 모두가 어른으로, 노인으로 인정하는 70대가 되는 거죠.

　역설적으로, 그래서 이 60대의 역할이 아주 중요해요. 수십 년간 현업에 있으면서 쌓은 경험과 그에 따른 노하우가 생생하죠. 욕심을 내면, 현업에 있을 때만큼의 성과도 충분히 낼 수 있는 자격과 역량도 되고요. 이 이벤트가 세 분이 60대로서 무슨 역할을 할 수 있는지 보여 주겠다는 선언으로 받아들여지기도 해요.

장대익　그럼, 이렇게 첫 질문을 드려 볼게요. 35년 정도 일하면 어떤 느낌이에요?

이권우　솔직히 말해도 되나요? 저는 '거덜 났다.' 이런 느낌이에요. 사회적인 역할은 거덜 났다.

장대익   그동안 해 왔던 대로 그냥 '살면 된다.' 이런 느낌이에요? 아니면, '할 만큼 했다.' 이런 거예요? 그것도 아니면, '이렇게는 안 된다.' 같은 위기감이에요?

이권우   저는 수십 년간 잡다하게 공부해 왔어요. 제가 한 주제를 파고들지 못한 이유 가운데 하나가 관심이 너무 많아서였어요. 알고 싶은 게 많아서. 그래서 이것저것 집적대면서 겉핥기만 했죠. 그런데 회갑이 되니까 이제야 조금 정리가 되더라고요. 최근에는 독서가 한쪽으로 쭉 진행 중이에요.

강양구   어떤 주제인지 살짝 이야기해 주시면 안 돼요?

이권우   자세히 이야기할 기회가 앞으로 있을 텐데, 미리 말하자면, 저는 유가(儒家) 철학만 더 깊이 파려고요.

장대익   유가 철학?

이권우　저는 어렸을 때 독실한 기독교 신자였어요. 그러다 대학에 들어오고 나서 20대부터는 시대 상황 때문에 마르크스주의의 영향을 깊게 받았죠. 그러다 1990년대 30대에는 프랑스 탈구조주의 철학 같은 포스트모더니즘의 영향도 받았죠. 그렇게 여기저기 기웃대면서 회의가 들었어요.

도대체 그런 지적 탐구가 우리가 사는 세상을 얼마나 좋게 바꿨느냐? 이런 회의가요. 오해할 수 있으니 조금만 더 이야기해 볼게요. 여기 있는 우리 셋은 82학번이잖아요. 1980년대에 대학을 다닌 우리 세대는 해방 이후 가장 진보적인 세대라고 이야기해도 무리가 아닐 거예요.

그런 세대가 처음에는 사회, 문화 영역에서 주도권을 잡았고 나중에는 정치, 경제 권력까지 잡았어요. 그런데 이런 진보 세대가 다음 세대에게 물려준 사회는 끔찍한 승자 독식 세상이요, 공정으로 위장한 불평등한 세상이죠. '도대체 그동안 우리가 추구했던 지적 탐구가 무슨 의미가 있을까?' 회의를 품게 된 결정적 이유죠.

저는 그 이유를 그간의 지적 탐구가 현실에서 유리된 탓이라고 생각했어요. 지금 함께 사는 공동체의 구성원 가운데 가장 약한 사람이 잘살 수 있는 세상을 만들어 내는 데에

도움이 되는 철학, 이런 지적 탐구가 절실하게 필요하다는 결론에 이르렀죠. 그런 결론이 가리키는 방향이 바로 유가 철학이에요.

유가 철학은 서양에서 유래한 지적 흐름과는 달리 초월적 존재를 인정하지 않아요. 오로지 지금 이곳의 삶을 어떻게 개선할 것인가가 유가 철학의 중요한 질문이죠. 현실의 공동체를 가지고 어떻게 하면 더불어 잘사는 세상을 만들 것인가? 이 질문을 유가 철학으로 풀어 보려고 합니다.

강양구 여기까지 읽은 독자는 바로 이런 질문이 떠오를 텐데요, 그 유가 철학에 기반해서 나라를 500년 동안 경영해 본 게 조선이잖아요. 그런 조선이 실패했잖아요?

이권우 조선은 유가 철학 가운데서도 성리학, 주자학에 기댔죠. 실패했습니다. 제가 말하는 유가 철학은 원시 유교입니다. 『논어(論語)』, 『맹자(孟子)』, 『대학(大學)』, 『중용(中庸)』. 이 책들에 대한 현대적인 재해석이 우리 공동체에 공유될 때, 우리가 겪는 이 끔찍한 세계적인 불평등을 이겨 내고 가장 약한 사회 구성원이 살아갈 토대가 마련될 거예요.

강양구   비슷한 문제 의식을 공유하면서 학문적으로 연대하는 분도 있나요?

이권우   있어요. 영산 대학교 배병삼 교수입니다. 제가 행복한 이유죠. 배 교수는 78학번이고 저는 82학번이에요. 대학 다닐 적부터 선후배 인연으로 지내 왔죠. 배병삼 교수가 2002년에 『한글 세대가 본 논어』를 냈어요. 이 책을 읽고서, '이거다!' 했죠.

"한글 세대가 본"이라는 제목에서 확인할 수 있듯이 정말로 『논어』를 한글 세대가 읽을 수 있도록 번역해 놨어요. 제가 원래 원시 유교에 관심이 많았어요. 20대부터 『논어』도 읽고 『맹자』도 읽었죠. 그런데 이게 우리 세대의 언어가 아니라서 너무 어려운 거예요. 그러다 배병삼 교수 번역을 읽었는데 탁월한 거예요.

그런데 이 책에 대한 학계와 독서 시장의 초기 반응이 기대에 못 미쳤어요. 왜냐하면, 배병삼 교수는 동양 철학과 출신이 아니기 때문이었죠. 이분은 정치학과 출신으로 정치 철학을 공부했고, 마키아벨리 철학으로 석사 학위를 받았어요. 그러다 서양 정치 철학으로는 한국 정치가 해석 안 된다는 결론에 이르렀죠.

석사 과정을 마치고 나서 한학을 배우고, 그러면서『논어』를 공부하고, 다산(茶山) 정약용(丁若鏞, 1762~1836년)의 철학으로 박사 학위를 받았어요. 굉장히 늦게 한학 공부를 시작해서 자신의 필요에 따라서『논어』까지 번역한 거예요. 학자로서 정말 치열한 탐구 과정이었죠.

개인적인 불이익도 감수해야 했어요. 우리나라 정치 외교학과에서 동양 정치 철학을 공부하면 교수가 될 수 없어요. 그런 불이익을 감수하면서 자신만의 학문 여정을 묵묵히 걸은 거죠. 안타깝지만, 정말로 박사 학위를 받고 나서도 교수 자리가 안 났고요.

그때 다짐했습니다. '내가 이 양반을 세상에 알린다!' 그 약속을 지키고자 청소년 교양서를 기획할 때『논어, 사람의 길을 열다』를 펴내서 성공을 거뒀죠. 그 후 배병삼 교수가 10년 동안의 연구와 강의 경험을 바탕으로『맹자』를 새로 번역하고 해설한 책을 집필합니다. 그렇게 나온 책이『맹자, 마음의 정치학』입니다.

제가『맹자』에 주목하는 이유가 있어요. 일본의 유가 철학자 이토 진사이(伊藤仁斎, 1627~1705년)에 따르면,『논어』에 대한 최초의 주석서가 『맹자』입니다. 그러니까 『논어』를 제대로 이해하려면 『맹자』를 먼저 읽어야 해요. 또 『맹자』를 이해하려면 『묵자(墨子)』를 읽어야 합니다. 맹자(孟子, 기원전 372~289년)가 묵자(墨子, 기원전 480~390년)의 언어로 묵자 철학을 비판하면서 자기 철학을 세웠으니까요.

강양구　　맹자가 묵자를 비판하면서 공자(孔子, 기원전 551~479년), 즉 『논어』의 중요성을 재해석했군요.

이권우　　맞습니다. 그러니까 『맹자』가 상당히 중요해요. 그런데 우리는 이런 사상사의 맥락을 무시하고 『논어』만 읽어요. 그러다 보면 원시 유교, 나아가 유교 철학의 핵심을 놓치는 수가 있습니다. 그래서 일단 『맹자』를 새로 번역하고 해설하자고 제안해서 결과물이 나왔죠.

　　다음은 『논어』 차례잖아요? 그런데 배병삼 교수가 『맹자, 마음의 정치학』을 내고 나서 진이 빠진 상태예요. 지금 몰아붙이고 있어요. 2002년에 나온 『한글 세대가 본 논어』가 번역은 잘 되었는데, 해설이 약해요. 그래서 『논어』 해설서도 내자고 재촉하고 있습니다.

일이 되려다 보니,『한글 세대가 본 논어』를 절판시키려던 출판사에서도 2권짜리 500질을 더 찍는 조건으로 『논어』 해설까지 추가된 개정판 작업을 약속했어요. 지금 배병삼 교수가 보낸 초고를 받았는데, 내용이 엄청납니다. 제목을 『공자, 혁명의 정치학』으로 하라고 제안했어요.

이렇게 유가 철학을 현대적으로 재해석하는 작업을 함께할 지적 선배까지 있으니 얼마나 운이 좋아요. 이렇게 공부하다 보니, 이제는 배병삼 교수의 저서를 비롯해 다양한 번역서뿐만 아니라 직접 원문을 읽어 보는 데까지 이르게 되었어요. 이렇게 계속 공부를 이어 가 보려고 합니다.

오늘 대화를 염두에 두고서, 더 흥미로운 사실 하나만 지적할까요? 공자와 맹자, 특히 맹자의 사상은 장대익 교수가 쓴 『공감의 반경』의 메시지와 기가 막히게 겹쳐요. 나중에 좀 더 자세히 이야기하겠지만, '이렇게 공부와 공부가 이어지는구나.' 하면서 혼자서 흥분했습니다.

강양구　　이제 부담을 많이 내려놓은 거라고도 볼 수 있겠네요.

이권우　　내려놨죠. 왜냐하면, 이제 온갖 일에 두리번거리면서 관심의 촉을 세울 필요가 없으니까요.

인생, 한 바퀴 돌고 나서

장대익　　이권우 선생님께서 흥미로운 이야기를 해 주셨네요. 이어서 이명현, 이정모 선생님 답변 듣기 전에 아까 그 질문을 드렸던 이유를 덧붙여 볼게요. 저는 이제 50대 초반의 장년입니다. 아시다시피, 2020년에 서울 대학교 정교수 신분으로 창업했어요. 더 늦기 전에 한번 전환해야겠다고 생각해서 창업까지 하게 되었습니다.

　그렇게 창업하고 나서, 연쇄적으로 여러 일이 이어지면서 결국 서울 대학교에서 가천 대학교 창업 대학 학장으로 직장까지 옮기게 되었습니다. 앞으로 한 10년간은 가천 대학교에서 창업 교육을 할 예정이고요. 그러면 저도 60대가 되겠죠. 현재로서는 60대가 된 저의 다음 10년이 상상이 안 돼요. 그래서 선배님들에게 여쭈어 본 거예요.

　그때는 또 다른 새로운 일을 할 것인가, 아니면 그동안 해 왔던 일들 가운데 잔가지를 치고 나서 남은 줄기에만 집중해야 할 것인가? 이권우 선생님은 지금 그렇게 하기로 결심하시고 이미 실천하시는 것 같고요. 다른 분은 어떤 마음가짐과 준비를 가지고 계신지 궁금해요.

강양구 이정모 선생님 이야기부터 들어볼까요? 이정모 선생님은 공교롭게도 딱 회갑을 맞은 해에 50대 내내 해 온 '각종 과학관장'을 그만두시게 되었잖아요. 2023년 2월까지 임기 3년의 국립 과천 과학관 관장을 끝으로 서대문 자연사 박물관 관장, 서울 시립 과학관 관장, 국립 과천 과학관 관장으로 이어진 장도(長途)를 마무리했죠.

이정모 나이 예순이 되니까 과학 기술 정보 통신부 공무원 중에서도 제가 나이가 제일 많아졌죠. 공무원은 만 60세 퇴직 1년 전에 연수를 가니까 더 그렇죠. 처음 과천 과학관 관장으로 왔을 때만 해도 장관도 저보다 나이가 많았고, 차관도 나이가 많았는데 어느 순간 과기정통부 안에 저보다 나이 많은 분이 하나도 없게 된 거예요.

그러니까 되게 편해지더라고요. 겁도 없어지고. (웃음) 장관이 지적해도 "기억이 안 난다." 그럴 수 있는 여유도 생기고. 그러다 보니 '아, 바뀌어야겠구나.' 이런 생각이 들더라고요. 사실, 여기 있는 다른 두 분(이권우, 이명현)은 하는 일에 변화가 없어요. 그런데 저는 완전히 바뀌었어요.

서대문 자연사 박물관 관장, 서울 시립 과학관 관장, 국립 과천 과학관 관장 이렇게 12년간 공무원 생활을 했어요. 이제야 하는 말이지만, 공무원 생활이 저한테 맞더라고요. 전에 잠깐 했던 교수보다 훨씬 맞아요. 공간, 조직, 예산을 이용해서 구체적으로 무엇인가를 해낼 수 있다는 게 재미있더라고요.

'이 공간에서 이걸 하겠다.' 계획하고, 사람을 설득해서 예산을 따고, 사업을 추진하고. 그런데 어느 날 갑자기 이제 그런 공간도 없고 조직이나 예산도 없는 삶을 살아야 하는 거예요. 그렇게 오래 한 것도 아니고 40대 후반에서 50대까지 딱 12년간 했을 뿐인데.

이명현　　권력 있는 삶! (웃음)

강양구　　사실, 이정모 선생님은 권력이 없던 12년 전의 삶으로 돌아간 것뿐이죠. (웃음)

이정모   그러니까. 그게 얼마나 웃기냐면, 이야기를 하나 해 볼게요. 제가 퇴직하기 일주일 전에 사무실을 옮기고 나서 휴가를 내고 적응한다는 핑계로 새 사무실에 나간 적이 있어요. 일요일에 짐이 들어왔고, 월요일 새벽에 평상시와 같이 집을 나와 새 사무실로 출근했죠. 그리고 자리에 딱 앉았어. 그런데 도대체 뭘 해야 할지 모르겠는 거야.

보통 관장실로 나가 의자에 딱 앉으면 이랬거든요? 자리에 앉자마자 비서가 커피를 갖다주면서 그날 해야 할 일들을 브리핑해 주죠. 그런데 비서가 없으니까 커피도 없어. (웃음) 이제 뭘 해야 할지 혼자서 계획하고 결정하고 실행해야 하는 거잖아요. 그래서 저는 정말 올해(2023년)가 회갑 같아요. 한 바퀴 돌고 나서 새 출발!

강양구   지금, 적응은 조금 되셨나요? 혹시 비서를 고용하신 건 아니죠? (웃음)

이정모   새 사무실로 출퇴근한 지 한 2~3주 되었어요. 그러니까 적응되더라고요.

이권우　　공무원 더 했으면 큰일 날 뻔했네. (웃음)

이정모　　아무튼, 그래서 진짜 회갑을 맞는 제게는 이번 이벤트가 정말 소중해요. 처음에는 "우리 한번 모여서 강연하자." 이 정도였어요. 이게 1년 내내 하는 열몇 번의 전국 순회 강연으로 이어질 거라고는 상상조차 못 했죠. 처음에는 '이걸 왜 하지?' 하고 자신에게 물어본 적도 많아요. 일이 너무 커져서.

　　그러다 합동 강연 첫날 이권우 선생님의 정리를 듣고 나서야 이해되더라고요. "우리는 성인이 되고 나서 전국의 작은 도서관과 서점의 도움을 받아서 생계를 꾸린 적도 있다. 예순쯤 됐을 때 한 번은 그들에게 보답하는 자리를 마련해야 하지 않겠나. 전국의 작은 도서관과 서점에서 연속 강연하는 이유가 그거다." 이런 이야기였죠.

　　우리가 회갑을 맞이하는 게 아니라, 우리가 회갑이 되어서 방방곡곡 다니면서 "그간 덕분에 지금까지 잘살 수 있었습니다." 하며 인사를 다니는 거죠. 그러면서 우리는 우리대로 함께 이야기하면서 60년 인생도 한 번쯤 정리하고요.

　　그런데 1년 동안 1월부터 12월까지 매달 최소 두세 번씩 강연이라니! 많기는 해요. (웃음) 많긴 한데, 그래도 꾸준히 해 보자고요.

강양구   그럼, 전국 순회 강연을 1년 열두 달 내내 하시는 거네요. 그것도 무료로!

이명현   현재 기획된 것만 열아홉 번. 원칙을 세웠죠. 강연료는 받지 말자. 대신, 주최 측에서 유료로 모객하는 건 토를 달지 말자. 그렇게 모은 돈으로 강연회도 준비하고 숙소도 마련해 주고 그러실 테니까요. 처음에는 열아홉 번까지는 엄두도 못 냈는데, 끊지 못할 인연이 여기저기서 튀어나와 제안을 주면서 예상보다 판이 커지긴 했어요.

장대익   방금, 이정모, 이명현 선생님 말씀을 들으니까 뭉클하네요. 사실, 우리가 15년 전쯤에 함께 비슷한 이벤트를 한 적이 있잖아요. 그때도 이권우 선생님께서 처음 제안하셨던 걸로 기억나는데, "산골이나 섬 같은 오지의 학교나 도서관을 찾아가서 무료 강연을 해 보자." 이렇게요.

곧바로 이권우 선생님께서 기획하셔서 1박 2일 동안 강

원도 화천의 작은 초등학교에서 그 마을의 초·중·고등학생, 주민을 대상으로 대가도 받지 않고서 연속 강연하면서 즐거운 시간도 보냈잖아요. 그때 멤버가 지금 여기에도 다 있는 것 같은데요?

강양구   맞아요. 세 분과 장대익 교수님, 정재승 KAIST 교수님, 전중환 경희대 교수님. 그리고 저까지.

이정모   그때 화천에 강양구 기자님도 있었어요?

장대익   있었어요. (웃음)

강양구   그때 화천 초등학교에서 했던 강연 중에 제가 했던 게 인기가 제일 많았어요. (웃음) 그때 장대익 교수님이 초등학생이던 따님을 데리고 왔었잖아요. 제 강연을 열심히 들어서 기특했는데, 그 아이가 지금은 대학생이죠? (웃음) 아, 그때 분위기 정말 좋았죠.

장대익   맞아요. 맞아요. 그때를 생각해 보면 우리가 정말

순수했던 것 같아요. 각자의 이해 관계 전혀 생각하지 않고, 평소에 '진짜' 과학자를 한번도 본 적 없는 오지의 어린이, 10대에게 과학자가 찾아가서 강연하자, 이런 취지에 공감해서 주말 1박 2일을 바치는 데에 주저함이 없었으니까요.

그때 이후로 여러 우여곡절을 겪으면서 여기까지 왔잖아요. 그런데 15년 전에 함께했던 그 세 분이 회갑을 맞이해서 다시 똑같은 취지의 이벤트를 시작하시는 거잖아요. 정말 따뜻한 이야기라서 뭉클했죠. 그런데 SNS에 올라오는 소식만 보면, 이분들이 그냥 전국 방방곡곡을 다니면서 술 먹고 노시는 것 같은데요. (웃음)

80퍼센트의 전반생, 120퍼센트의 후반생

강양구   이명현 선생님은 어떠세요?

이명현   셋 가운데 감이 제일 없어요. 50세든 60세든 그런 게 중요하다고 생각해 본 적이 한번도 없거든요. 우리는 기준점을 임의로 정하고 나서 그걸 기념하는 데에 익숙하잖아요. 1월 1일도 우리가 임의로 정한 한 해의 시작일 뿐이잖아요. 10년, 100년 단위로 의미를 부여하는 것도 마찬가지고요.

만약 지금 회갑에 굉장히 의미를 부여하는 사회 분위기였다면, 저나 두 분이나 이런 이벤트를 하지 않았을 거예요. 역으로 아무도 회갑을 챙기지 않으니까, 되레 이참에 우리끼리 재미있는 이벤트를 해 보자, 이렇게 나선 거죠. 덧붙이면, 개인적으로 변화의 계기가 필요하기도 했어요.

저는 평생 80퍼센트만 하면서 살았어요. 그러니까 중·고등학교 때 공부도 전교 1등이나 반 1등을 목표로 해 본 적이 없어요. 반에서 2, 3등 정도면 족하다고 생각했어요. 그 정도만 해내면 편하더라고요. 공부 못한다고 혼날 성적은 아니었지만, 잠재력은 있는 학생으로 인정받았죠.

대신 공부 외에 여러 가지를 하면서 놀았죠. 보이스카우트, 아마추어 천문 관측, 교지 편집 위원회, 문학 동인회 등. 어느 하나, 100퍼센트 몰두해야 이룰 수 있는 성취는 이루지 못했어요. 하지만 또래 누구보다도 즐겁게 10대를 보냈죠. 이게 평생 살아온 방식이에요.

강양구　　제가 이명현 선생님을 오랫동안 봐 왔잖아요. 정말로 자연스럽게 자기 자랑 하시는 재주가 있어요.

이정모　　이런 이야기 들으면 속상한 게, 나는 99퍼센트 노력해서 얻은 게 이 정도인데.

이권우　　나는 101퍼센트 노력했어.

이명현　　그래서 한때는 두 친구를 질투한 적도 있어요. 저는 다양한 관심사를 가지고 이것저것 기웃대면서 즐겁게 살았잖아요. 그건 역으로 생각해 보면 한 가지에 몰입해서 성취를 얻고자 하는 절실함이나 절박함이 없었다는 이야기이기도 하잖아요. 그래서 자신만의 영역을 개척해 가는 두 친구가 멋져 보이기도 했죠.

이권우　　그런데 네덜란드 흐로닝언 대학교에서 전파 천문학으로 박사 학위 받으려면 엄청난 에너지가 필요하지 않아요?

강양구　　아니라잖아요. 지금 80퍼센트만 노력해서 박사

학위 받았다고 자랑하시는 중인데. (웃음)

이정모   전파 천문학에 100퍼센트 몰두했으면 노벨상 받
았겠네. (웃음)

이명현   귀국하고 나서도 정규직 연구원 자리를 박차고
대학교에서 무기 계약직 비슷한 자리로 가게 된 것도 그런
사정 때문이었죠. 연구도 할 수 있고 제자도 키울 수 있는데
책임은 없는 자리니까요. 강의도 최소한으로 할 수 있고 외
부 활동도 자유로우니까, 성인이 되고 나서도 10대처럼 살
았던 거예요.

그러다 40대 후반에 위기가 닥쳐요. 일단 제가 갑자기 급
성 심근 경색으로 쓰러졌고 바로 이어서 아내가 쓰러지고
나니 삶의 에너지가 달리는 거예요. 그동안 물 흘러가듯이
자유롭게 살 수 있었던 데에는 아내와 같은 주변 사람의 뒷
받침이 절대적으로 필요했다는 사실을, 혼자서 이것저것
막아야 하는 상황이 되니까, 그때야 깨닫게 되었죠. 경제적
인 문제까지 겹치면서 가계가 휘청하기도 했고요.

아내는 여전히 병원에 있고, 저는 어쨌든 병원에서 나온

그때부터 '아, 나도 남은 시간 동안 한 가지에 집중해야겠구나.' 생각했어요. 그러면서 계약만 해놓고 까맣게 잊고 있었던 출판 계약서도 꺼내서 살펴보고, 과학 문화 활동도 본격적으로 시작했죠. 그러다 보니 어느새 과학책방 갈다 사업도 시작하게 되었고. 말하자면 생계형 과학 문화 활동가죠.

그렇게 50대를 지나오다 보니 어느새 제가 과학 문화계의 시니어가 되어 있는 거예요. 이사장, 회장, 대표 같은 자리를 맡아야 하는. 평소에 그런 자리에 연연하지도 않았고, 또 그렇다고 특정한 파벌에 줄을 선 것도 아니었으니까, 되레 이쪽저쪽에서 얼굴마담으로 내세우기 좋은 사람이기도 했고요.

그렇게 하나씩 자리를 맡고 보니, 평생 처음으로 아주 많은 책임을 지고 있다는 사실을 새삼 깨달았어요. 가능한 한 책임을 맡지 않는 삶을 살았는데, 60대가 되는 즈음에, 남들은 몸을 가볍게 해야 할 때라고 말할 때, 정작 저는 평생 경험해 보지 못한 무거운 몸이 된 거예요.

이정모　　언제까지 들어야 하는 거야? 이런 자기 자랑을?
(웃음)

살아 보니, 진화

강양구　어쩌다 보니, 세 분 중에서 몸이 제일 무거워지셨네요. 건강은 제일 안 좋으시고.

이명현　맞아요. 평생 80퍼센트로 살았던 사람이, 지금은 120퍼센트로 살아도 역부족인 상황이죠.

이정모　정리가 필요한 단계네.

이명현　인생에서 처음 겪는 일이에요. 말하자면 위기.

장대익　위기의 남자?

이명현　위기죠. 맡은 책임을 회피할 수는 없잖아요. 그렇다고 제가 가진 역량을 넘어서는 일까지 계속해서 감당하면서 사는 것도 못 할 일이고. 그래서 지금 이 위기를 어떻게 극복할지가 회갑이 된 저의 가장 큰 화두예요. 일단, 잠정적으로 '같이 하자.' 이런 방향을 잡고 있어요.

이권우　이명현을 피해야겠네. (웃음)

이정모 그러면 안 되는데, 나는 이명현이 뭐 하자고 그러면 무조건 싫다고 그럴 거야.

이권우 단호하게!

이정모 응, 단호하게!

이정모 이제는 우리가 정리할 때예요. 정리할 때가 됐어요. 12년 동안 아주 많은 책임을 져야 하는 삶을 살았어요. 특히 조직의 수장으로서 내가 아닌 남을 책임지고 평가하는 일이 너무 힘들었어요. 그래서 일단 잠정 은퇴를 하니까 정말 좋아요.

그동안 열심히 살았어요. 특히 그 바쁜 와중에도 초·중·고등학교 강연 요청이 오면 거절하지 않고서 갔거든요. 그런데 요즘에는 초·중·고등학교 강연의 연간 건수를 정해둔 다음에 그 이상은 받지 않으려고 해요. 처음에는 거절하기가 미안했는데, 한 번 거절해 보니까 더는 어렵지 않더라고요.

그러고 나서 알게 된 사실이 있어요. 제가 강연 요청을 거절하지 않아서 제가 그 학교에 가게 된 거라는 걸. 막상 거절하면 선생님들이 금방 사정을 수긍해요. 그리고 바로 다른 대안을 찾죠. 제가 대안을 추천해 주기도 하고요. 그러면서 깨달았죠. '내가 왜 대한민국 초·중·고등학교 과학 강연을 혼자서 책임지려고 했지?'

이명현　제 고민도 그 지점에 있어요. 지금 이 일의 적임자가 나인가? 나는 마지못해서 하겠다고 나섰는데, 사실 이 일에 훨씬 더 적임자가 있지 않나? 어쭙잖게 내가 한다고 나서서 오히려 진짜 이 일을 하고 싶고, 해야 하는 다른 사람, 대체로 후배의 기회를 빼앗는 것은 아닌가? 이런 고민이 계속 있어요.

이정모　그래서 예순이 나쁜 시점은 아닌 것 같아요. 특히 이렇게 건강하게 예순을 맞았다는 것에 정말 감사해요. 이제 한 매듭을 짓고 뭐가 될지 모르지만 새로운 일을 시작할 수 있잖아요. 건강할뿐더러 다행히 그동안 꾸준히 책을 읽어 왔잖아요. 새로운 정보가 나올 때, 제가 그걸 쉽게 소화해 낼 수 있는 연습을 해 온 셈이니까요.

거기다 이제 일 하나하나의 성패(成敗)에 안달하지 않게 되었어요. 예를 들어, 낯선 곳에서 강연했는데 기대만큼 반응이 신통치 않으면, 40대였으면 자책하고 그랬을 것 같아요. 그런데 지금은 박수가 조금 덜 나오면 어때, 다음에 조금 더 잘하면 되지, 이렇게 생각하고 말아요. 여유가 생긴 셈이죠.

1월 1일이 천문학적으로 아무런 의미가 없지만, 우리는 1월 1일이 필요하잖아요. 새해를 시작하기 위해서. 회갑도 마찬가지죠. 생물학적으로 아무 의미도 없는 시점이지만 인생을 한번 정리하기 좋은 때인 것 같아요. 그래서 수명이 길어져서 남들에게는 의미가 없어진 이 회갑을 우리끼리 이렇게 챙겨 보는 거죠.

죽음, 그리고 진화

이권우 저는 개인적으로는 죽음의 문제를 많이 생각했어요. 이제야 하는 이야기지만, 저는 태어나자마자 가족 모두가 죽었다고 생각했어요. 숨을 거의 쉬지 못했대요. 그러다 기적적으로 살아나서 지금까지 살고 있는 거예요. 당연히,

청소년 시절까지 몸이 약했어요. 성인이 되어서야 건강이 좋아진 경우죠.

이정모 정말?

장대익 성인이 되어 술을 드시면서 건강이 좋아지신 건가요? (웃음)

이권우 그렇죠. 제가 술을 4년 동안 끊었는데 건강이 오히려 나빠졌어요. 술을 먹을 때는 또 잘 살고요.

이정모 여기 담배 피우는 사람은 없죠?

이권우 그렇죠.

이명현 담배 끊었죠.

이권우 사람마다 죽음을 마주하는 방식이 다르잖아요. 저한테 회갑은 건강한 제 삶이 고작 10년밖에 남지 않았다는 걸 자각하는 순간이기도 해요. 물론, 더 살 수는 있겠지만 건강하지 않은 삶은 또 다르니까요.

프랑스 철학자 질 들뢰즈(Gilles Deleuze, 1925~1995년)가 만 70세 되던 1995년 11월 4일에 자기 아파트에서 투신 자살을 해요. 사실, 저는 들뢰즈의 자살을 높이 평가해요. 그는 치매 진단을 받고서 자살한 거예요. 저도 만약 치매 진단을 받으면 자살할 거예요. '비록 삶의 시작(탄생)은 내가 결정하지 못했지만, 삶의 마감(죽음)은 내가 결정할 거야.' 하는 생각이죠.

저는 들뢰즈 같은 대단한 철학자도 아니고, 그냥 순수하게 열정적으로 책을 읽는 사람에 불과하지만, 제가 이성, 그러니까 지능과 지식으로 판단하지 못하는 사람이 된다면, 저는 더 이상 제가 아닌 거죠. 제 삶을 우연에서 필연으로 바꾸는 이성이 사라진다면, 저는 제 삶을 제 의지로 마감할 거예요.

강양구   방금 이권우 선생님께서 하신 말씀은 자연스럽게 우리가 함께 나눠야 할 이야기, 특히 오늘 좌담의 중심 키워드인 '진화'와 자연스럽게 연결됩니다. 사실, 종의 진화를 위해서 개체의 죽음은 필수잖아요. 개체의 소멸, 그러니까 어떻게 보면 개체에게 있어 가장 불행한 이벤트가 그 종 전체가 장기 지속하기 위한 진화에 꼭 필요하다는 사실이 아이러니인데요.

이권우 선생님께서 자살 이야기를 하셨어요. 그게 요즘 회자되는 존엄한 죽음, 혹은 조력 자살 등과 같은 맥락의 이야기입니다. 실제로 세계 여러 나라가 뾰족한 치료 방법이 없는 중증 환자나 생존 가능성이 희박한 환자의 조력 자살을 허용하는 추세고요. 한국에서는 금기시되고 있지만요.

이권우　　한국 사회는 자살률이 높고, 게다가 노인 빈곤 같은 사회적인 요인 탓에 자살하는 사례가 많아서 이야기하기가 조심스럽죠. 그래도 말을 먼저 꺼냈으니 좀 더 부연해 볼게요. 아까 "이성적 능력이 더는 작동하지 않을 때 삶을 스스로 마무리하겠다." 이렇게 이야기했죠.

여기에 덧붙일 다른 이유도 있어요. 정리 안 된 생각을 거칠게 말하자면, 우리 세대가 좀 더 일찍 죽어 줘야 연금 문제 같은 압박에서 다음 세대가 자유로워질 것 같아요. 사실, 우리 세대만큼 악착스럽게 다음 세대를 착취하는 세대는 전에도 없었고 앞으로도 없을 것 같아요.

일제 강점기에 태어나 한국 전쟁을 경험한 우리 부모 세대는 정치적으로는 보수였지만, 우리가 사는 공동체를 더 발전시켰어요. 그리고 우리 같은 자녀 세대에게 좀 더 풍족한 사회를 물려줬죠. 하지만 우리 세대는 다음 세대를 우리보다 더 못한 세대로 만들었어요.

그런 측면에서 우리 세대가 사회적 짐이 되지 않도록 우리 세대 스스로 결단을 내릴 필요가 있어요. 우리가 세상을 제도적으로, 구조적으로 이렇게 망쳐 놓았는데, 그걸 나 몰라라 하면서 또 다음 세대에게 손 벌리며 천수를 누리다 가는 게 말이 되느냐 하는 것이죠. 일단 이런 고민을 시작하면 다양한 실천이 있을 수 있겠죠.

경제적으로 여유가 있는 사람은 재산을 기부할 수도 있겠고, 연금을 반만 받고 나머지는 다음 세대를 위한 기금으로 사용할 수도 있겠죠. 저야 어떤 치들처럼 권력이나 명예를 추구하지는 않았지만, 어쨌든 우리 세대는 나를 위해, 자기 세대를 위해서 산 거예요.

이제라도 다음 세대를 생각하면서 삶을 마무리하려는 고민과 노력과 실천이 필요해요. 그런 맥락에서 '삶을 자연사

할 때까지 질질 끌고 갈 필요가 있겠느냐?' 이런 고민을 해 보자는 거예요. 60대가 아직 이르다면, 최소한 70대부터는 그런 고민을 시작해 보자는 게 제 문제 의식이죠.

장대익　다들 이권우 선생님처럼 죽음을 진지하게 고민하고 계세요?

이명현　그런 고민은 10대 때부터 시작하지 않나요? 죽음보다는 사라짐? 저는 10대 때부터 사로잡혔죠. 그래서 한때 장래 희망이 도사였던 적도 있어요.

이정모　실제로 도사처럼 보여. (웃음)

이명현　초등학생, 중학생 정도가 되면 누구나 죽는다는 걸 알게 되잖아요. 그런 관심을 가지고 책을 읽다 보면, 신라 시대 최치원(崔致遠, 857년~?)이 경주 남산인가, 가야산인가에 들어가서 신선이 되어서 영생을 살았다, 하는 둥의 전설을 접하고서 혹하는 거지요. (웃음) 그때부터 아마 한동안 제 꿈이 도사였을 거예요.

그러다 좀 머리가 크면 철학, 종교 책을 읽잖아요. 그러면서 죽음, 즉 사라짐을 피할 수 없다는 절대적인 사실을 깨닫게 되면서 좌절했죠. 그렇게 좌절하고 나서 체념하는 단계가 되죠. 그리고 '나는 유한하다. 그 유한한 삶을 어떻게 살 것인가?' 이런 생각으로 이어지게 되고요. '80퍼센트 인생'이 탄생한 이유랄까요.

이권우　니체적 삶이네?

이명현　그렇죠. 책을 읽다 보면, 근사해 보이는 생각은 다 누군가 했더라고요. (웃음) 어차피 유한한 삶이라면 이 순간을 즐겁게 사는 일이 제일 중요하고, 어차피 무슨 일이든 완벽하게 해내는 일이 어렵다면, 스트레스를 받으며 살기보다는 80퍼센트에 만족하자. 이런 식으로 생각이 이어졌던 것 같아요.

　결국, 죽음에 대한 문제도 마찬가지죠. '지금 갑자기 내가 죽어도, 그래서 세상에서 사라져도 상관없다.' 이런 생각이에요. 제가 남긴 흔적을 어떤 식으로든 정리하는 일은 남은 사람의 문제지 제가 신경 쓸 게 아니잖아요. 어차피 저는 산산이 분해되어서 원자로 돌아갈 테니.

그래서 저도 이권우 선생님의 문제 의식에 전적으로 공감합니다. 네덜란드에서 한 6년 정도 박사 과정으로 있을 때, 취업 비자로 체류하고 있었어요. 급여를 받았기 때문이죠. 당연히 제 몫의 연금도 그 기간에 부었죠. 일시적이어서 연금 수혜 대상자는 아니지만, 납입분은 만 65세가 되면 돌려받을 수 있죠. 아마 수백만 원은 될 거예요.

사회 보장 번호 같은 것도 아직 있고요. 네덜란드는 의사와 판사의 결정에 따라서 조력 자살이 가능한 곳이에요. 제가 삶을 마무리해야 할 상황이 오면 네덜란드에 가서 그런 절차를 진행해 볼까, 이런 고민도 하고 있습니다. 한국도 더는 미루지 말고 논의를 시작해야 해요.

이권우　　그럼 칠순 때는 안락사 여행인가? (웃음)

이정모　　저는 아버지가 고아다 보니까 죽음을 경험할 틈이 없었어요. 어릴 적 주변에서 죽는 사람이 아무도 없는 거예요. 경험한 죽음이라고는 우리 개가 죽었을 때뿐이었어요. 더구나 우리 집은 개를 한 마리만 가족처럼 키운 게 아니라 여러 마리를 키웠어요. 제가 경험한 첫 번째 죽음은 아버지께서 돌아가신 거예요. 아버지께서 아파트 단지에서 교통 사고로 돌아가셨거든요.

강양구   그때, 여기 있는 우리도 다 조문을 갔었잖아요.

이정모   즉사하셨어요. 우리는 슬퍼할 틈도 없었어요. 저는 장례를 갑작스럽게 치러야 하는 문제 등으로 정신이 없었어요. 어머니께서 나중에 "우리는 슬퍼할 필요가 없다, 아버지는 정말로 즐겁고 행복하게 살다가 고통 없이 가셨다." 그러시더라고요. 그런 모습 괜찮아 보여요. 반면에, 우리 장모님은 힘들게 돌아가셨어요.

생각해 보면, 저도 코로나가 터지기 2~3년 전 심장에 문제가 있어서 응급실에 실려 간 적이 있었어요. 여기서 한 가지 팁을 드리자면, 응급실에 실려 가려면 새벽에 가세요. 새벽에 가면 의사가 다 달라붙어요. 그런데 점심 무렵에 가잖아요? 그러면 환자가 많아서 차례를 기다려야 해요. (웃음)

저는 운이 좋아서 새벽에 갔어요. 응급실에서 저는 정말로 무기력해요. 할 수 있는 게 하나도 없어요. 그냥 의사와 간호사의 처치만 믿고 따라야 하죠. 가족은 다들 걱정하고. '아, 이러다 끝날 수도 있겠구나.' 그때 그렇게 생각했어요. 그런데 마음이 되게 편하더라고요. 두려움이 없었어요.

오래전에 아버지께서 이런 이야기를 하셨어요. "네가 죽는다고 네 애들 걱정하지 마라. 두 살에 아버지 돌아가시고, 아홉 살에 어머니가 돌아가셨지만 나는 잘 살았다. 남은 사람은 남은 사람대로 잘 산다. 적어도 너희 딸들은 나보다 훨씬 더 좋은 상황이다. 그러니까 네가 지금 사라진다고 해서 큰일 나지 않는다." 이렇게요.

강양구   아버님께서는 그런 이야기를 왜 이정모 선생님께 하셨을까요? (웃음)

이정모   생명 보험 같은 걸 들까 고민했었나, 그런 계기가 있었던 것도 같아요. 아무튼, 제가 당장 갑작스럽게 죽어도 남은 아이들이 구렁텅이에 빠지고 그런 것 아니니까 크게 걱정하지 말라는 이야기를 해 주신 적이 있어요. 그런데 실제로 응급실에서 마음이 편하더라고요.

저도 이권우 선생님의 문제 의식에 공감해요. 외국인의

조력 자살도 허용하는 스위스 이야기를 칼럼에도 썼고요. (「구달 박사와 덤블도어 교장」, 《한국일보》, 2018년 5월 15일) 저는 '자살(自殺)'이라는 단어도 '자사(自死)'로 바꾸면 좋겠어요. 죽일 살 자는 어쨌든 무섭잖아요. 죽이는 거잖아요. 스스로 죽는다는 뜻의 '자사' 정도가 괜찮지 않을까 생각해요. 그런데 스위스는 돈이 많이 들어요.

강양구　　스위스의 조력 자살 단체에서는 1만 달러, 약 1200만 원을 받는 것 같더라고요.

이정모　　그래서 제 생각에 제일 좋은 건, 아버지처럼 갑작스러운 사고로 죽는 거예요.

강양구　　그건 다른 사람들한테 피해를 주잖아요!

이정모　　그래서 등산하다 조난당해 백골 시체로 발견되거나, 아니면 사막에서 죽는 것도 좋겠다 생각했죠.

강양구　　사막에서 길을 잃다?

이정모　　길을 잃든, 야생 동물에게 잡아 먹히든. 아무튼 70대 이상이 되면 쉽게 죽는 방식이 있으면 좋겠어요. 제가 마다가스카르를 여행할 때 그곳에서 족장을 만났어요. 겉보기로는 아주 늙었어요. 그런데 이제 마흔이래요. 저는 마다가스카르를 여행하면서 저보다 나이 많은 사람을 만난 적이 없어요.

　　마다가스카르 사람들과 비교하면 우리는 충분히 풍족하고 건강하게 잘 살았어요. 그런데 우리 세대 머릿수가 많다 보니까, 사회적으로 큰 부담이 된단 말이죠. 저는 그런 측면에서 연금 반만 받기 운동, 이건 가능성 없는 이야기라고 생각해요. 왜냐하면 아무리 좋은 취지라도 자기 몫을 포기하는 사람은 없어요.

　　저는 젊은 사람, 다음 세대가 선택했으면 좋겠어요. 젊은 사람이 법을 만들어서 앞 세대의 것을 줄여야죠.

장대익　　빼앗아라?

이정모　　그렇지, 빼앗아야죠. 우리 세대가 속수무책으로 당할 수밖에 없도록.

강양구   자기 몫은 자기가 챙겨야죠.

이정모   그렇죠. 윗세대에게 양보하라고 하면 절대로 안 해요. 그냥 다음 세대가 열심히 투표하고 정치 세력을 바꿔서 자기 몫을 챙기게끔 조정해야 해요. 물론, 완충 지대는 만들어 주면서 진행해야겠지만. 그런 면에서 죽음이라는 건 사실 자연이 준 선물이에요. 덤블도어 선생님도 해리 포터에게 같은 이야기를 해요.

장대익   성경 말씀이 나올 줄 알았는데. (웃음)

이정모   『해리 포터와 마법사의 돌(*Harry Potter and the Sorcerer's Stone*)』에 나오는 이야기에요. 마법사의 돌을 가지면 영원히 살 수 있어요. 나중에 마법사의 돌이 파괴되고 나서 덤블도어 선생님이 해리에게 이렇게 말해요. "죽음이라는 건 또 다른 선물이자 모험의 시작"이라고. 그런데 사람들은 이걸 받아들이지 않아요.

　그러면서 자연을 거슬러 영생을 좇아요. 현대 사회에서 그런 영생의 조건 가운데 하나가 황금(돈)이라서 또 그런 걸

좋고요. 그러다 보면 볼드모트 같은 악당이 나타나는 거예요. 실제로 우리 삶이 그래요. 옛날보다는 정말로 많이 벌고 있고 또 그만큼 풍요로워요.

그럼, 도대체 얼마나 더 벌고 얼마나 더 풍요로워져야 할까요? 또 얼마나 더 오래 살아야 할까요? 가능하지도 않겠지만, 우리가 계속해서 오래 산다고 해 봐요. 그러다 보면 이 지구에서 인간과 생명의 진화가 가능할까요? 그러니까 한국 사회도 바뀌어야 해요.

수천만 원 써서 스위스에 가서 음악 들으면서 주사로 약 넣고 하는 일은 저한테는 너무 사치인 것 같고. 우리나라에 맞는 사회적인 합의와 해법을 찾아야죠.

강양구   그런데 말을 꺼내는 것조차도 어려워하잖아요.

이정모   맞아요. 한국 사회는 자살률이 높고, 이렇게 자살하는 사람들이 철학적인 이유가 아니라 생활고에 시달리다가 힘들어서 목숨을 끊는 경우가 많잖아요. 그런 분들과 가족을 앞에 두고서 우리 삶의 마무리를 스스로 정하겠다고 이야기하는 게 너무나, 너무나 미안하고 죄스러워서 차마

입에 꺼내지 못하는 거예요. 그렇다고 마냥 침묵할 수는 없어요. 어떻게든 꺼내기는 꺼내야 해요.

이명현　여기 있는 분들은 다 아시겠지만, 제 아내가 아파요. 10년 넘게 병원에서 자기 의지와 무관하게 누워 있어요. 아내가 뇌종양 수술을 받기 전만 하더라도 제도적 장치가 없었어요. 자기 판단 능력이 없이 계속 누워 있어야 할 때 어떤 처치는 수용하고, 어떤 처치는 거부할지 미리 선택할 수가 없었어요.

　가족, 보호자 처지에서는 할 수 있는 일이 없어요. 분명히 아내가 저런 삶을 원하지 않을 텐데 하면서도 그냥 계속해서 지켜보는 수밖에 없어요. 앞으로도 오랫동안 그래야겠죠. 하지만 당장 아내는 그렇지만, 앞으로 달라져야 하지 않을까, 이런 생각을 하는 거죠. 지금이라도 이야기는 꺼내야 해요.

이정모　아까도 잠깐 언급했지만, 장모님은 정말 오랫동안 고통을 겪다가 돌아가셨고, 장인어른도 몇 달 동안 거의 의식 없는 상태에서 고생하시다 돌아가셨어요. 장인어른이

고생하시는 모습을 보면서 우리 부부는 저런 처지가 되면 불필요한 연명 치료를 거부하겠다는 서류에 서명하려고 한 적이 있어요. 그런데 큰딸이 버럭 화를 내요. "왜 당신 둘이 결정하느냐."라며.

장대익　　자기도 부모가 어떤 죽음을 맞을지 결정하는 데 참여할 권리가 있다?

이정모　　"자기는 아직 부모를 보낼 준비가 안 되었다." 이러는 거예요. 사실, 저도 한 50세 넘으면서 죽음의 문제를 생각했거든요. 아직 젊은 딸은 그런 생각을 할 때가 아닌 거죠. 그때도 한국 사회가 죽음이라는 문제를 가지고 서로 이야기하고 연습하는 기회가 있어야겠다는 생각을 해 봤죠.

영원 불멸이라는 유혹

이권우　　사실, 이 주제에는 단순히 조력 자살이나 안락사를 허용하느냐 마느냐를 넘어서는 아주 중요한 의미가 있어요. 지금까지 전승되는 신화 가운데 가장 오래된 게 수

메르 문명의 「길가메시 서사시」잖아요. 그 신화를 보면 홍수 이야기가 나와요. 그래서 구약 성서가 수메르 신화의 영향을 받은 것으로 대다수 신화학자는 보고 있어요. 바로 그 「길가메시 서사시」에 나오는 인류 최초의 욕망이 영생, 불멸이죠.

강양구　동양에도 있었잖아요. 진시황(秦始皇, 기원전 259~210년).

이권우　「길가메시 서사시」가 던지는 중요한 메시지는 인류가 필멸의 존재라는 거예요. 앞에서 제가 여생을 원시 유교의 현재 의미를 탐구하는 데에 몰두하겠다고 했죠? 원시 유교에는 초월적 절대자도 없고, 사후 세계도 없어요. 우리 삶은 여기서 끝난다고 봅니다. 유한성의 존재를 인정하고 공동체적 가치를 중요하게 여기죠.

　가만히 생각해 보면, 우리가 이 모양 이 꼴이 된 이유가 영원성과 불멸성에 대한 열망이에요. 하나씩 따져 보죠. 먼저 자본의 영원성과 불멸성이 있죠. 자본이 세습되면서 영원성과 불멸성을 띠게 되었고 자본주의 시장 경제 사회의 불평등 구조가 심해졌잖아요.

인간이 자연과의 관계에서 영원성과 불멸성을 추구하면서 성장을 추구하다 보니 어떻게 되었어요? 지구, 가이아(Gaia)가 감당할 수 없을 정도로 탄소를 배출하고 그 결과 지구 가열(global heating), 기후 위기(climate crisis), 더 나아가 '여섯 번째 대멸종'까지 걱정해야 하는 상황이 되었잖아요.

나이 먹은 우리가 다음 세대를 위해서 할 수 있는 일은 「길가메시 서사시」의 깨달음을 자각하는 거예요. 우리는 필멸해야만, 그러니까 이 세상에서 반드시 사라져야만 다음 세대가 지구에서 살아갈 수 있고, 나아가 지구도 살아갈 수 있는 거예요.

우리가 필멸한다, 반드시 죽을 수밖에 없다, 그때 가져갈 수 있는 것도 하나도 없다, 그러니까 영원성과 불멸성의 비유인 천국이니 극락 같은 개념도 헛되다, 하는 깨달음이 필요하죠. 그래야 자본주의, 성장 지상주의가 추동하는 열망으로부터 우리가 벗어날 수 있죠.

이정모　　그런데 요즘 젊은 사람들에게 인기가 있는 아마존의 제프 베이조스(Jeff Bezos, 1964년~), 스페이스X와 테슬라의 일론 머스크(Elon Musk, 1971년~), 이런 사람들이 바로 불멸을 꿈꾸면서 투자해요. 심지어 이들은 과학 기술의 힘으로 지구를 포기하고 다른 데 가자, 이런 비전도 공공연히 이야기하고 있고요.

저는 그 밑에 깔린 욕망이 바로 이권우 선생님이 이야기한 영원성과 불멸성이라고 생각해요. '언제든 지구를 떠날 수도 있다.' 이런 생각을 하면서 살아가다 보면 지구 환경, 지구에서 함께 살아가는 생태계의 지속 가능성, 나아가 생명의 진화를 놓고서 고민할 필요가 없죠.

장대익　　인간은 생명의 세계에서도 필멸성을 거부하는 유일한 존재죠. 진화의 관점에서 보면, 사실은 우리는 유전자의 탈것일 뿐이에요. 유전자가 영원한 것이죠. 그런데 오직 인간만이 이 유한한 탈것을 중요하다고 생각하고, 그래서 영원성과 불멸성을 추구하는 이야기를 창조하고, 그것에 영향을 받아서 끊임없이 필멸성을 거부하는 삶을 살아왔죠.

강양구　　지금까지 세 선생님, 또 장대익 선생님 이야기를

살아 보니, 진화

들으면서 재러드 다이아몬드(Jared Diamond, 1937년~)가 2013년 테드(TED) 강연에서 했던 이야기가 생각났어요. 다이아몬드는 같은 내용을 2012년에 펴냈던 『어제까지의 세계(The World Until Yesterday)』에서도 언급한 적이 있는데요, 나이 든 사람이 해야 할 일로 세 가지를 언급하더라고요.

첫째, 할아버지, 할머니로서 손자나 손녀에게 높은 수준의 보육을 제공할 수 있다는 거예요. 맞벌이가 대세가 되면서 보육 공백이 중요한 문제잖아요. 할아버지, 할머니는 육아를 경험한 데다가, 보통 손자와 손녀를 사랑하고 더 많은 시간을 함께 보내고 싶어 해서 양질의 보육을 적극적으로 제공할 수 있다는 거죠.

둘째, 노인은 세상의 빠른 변화 때문에 지금은 찾아보기 힘든 과거의 생활 조건을 직접 경험해 본 적이 있다는 거죠. 한국에서 80대 이상은 전쟁을 직접 경험해 본 세대죠. 세 분 선생님은 산업화 이전의 가난한 조국과 박정희(1917~1979년)와 전두환(1931~2021년)의 독재를 경험했죠. 불행히도 이런 끔찍한 상황은 언제든 반복될 수 있습니다.

다이아몬드는 설사 그런 끔찍한 상황이 반복되지 않는다고 하더라도 만일을 대비해 계획해야 하며, 그때에는 당시 경험을 공유하는 일이 중요한 토대가 될 것이라고 말하고 있어요. 제가 기자로 일하면서 다양한 연령대의 선배의 육성을 기록으로 남기는 일에 관심을 쏟은 것도 사실 다이아몬드와 같은 생각 때문이죠.

셋째, 노인이 젊은이보다 잘할 수 있는 일이 분명히 있다는 거예요. 다이아몬드가 말한 대로 체력, 야망, 지구력, 그리고 재빨리 새로운 사고를 할 수 있는 능력은 노인이 젊은 사람을 도저히 따라가지 못하겠죠. 하지만 나이가 들면서 인간과 관계에 대한 이해, 타인을 도울 수 있는 능력은 더 나아질 수도 있어요.

이정모　　저도 『어제까지의 세계』에서 읽었던 이야기인데요, 다른 건 동의가 되는데 마지막 제안을 읽고서는 고개를 갸우뚱했어요.

강양구　　고집과 아집만 세진 노인도 많으니까요? (웃음)

이정모　　맞아요. 경험상 노인이 된다고 인간과 관계에 대한 이해가 깊어지고, 타인을 도울 준비가 더 되는 것도 아니더군요. 그냥 노인, 그러니까 우리 세대는 일선에서는 빠져 주는 게 나아요. 제가 보기에는 첫 번째 제안, 그러니까 손자, 손녀 키우기에만 주력하는 게 최선인 것 같아요.

특히 자기 아이가 아니더라도 동네 할아버지, 할머니로서의 역할을 궁리해 봐야 하지 않을까요? 이웃사촌, 이웃사촌 하는데 우리나라에서 이웃사촌이 지금 어디 있어요? 오히려 제가 유학을 다녀온 독일 같은 나라에서 지역 공동체나 이웃사촌을 확인할 수 있었어요.

강양구　　맞아요. 저만 해도 4년 동안 사는 아파트 앞집 사람들과 눈인사만 하는 정도니까요. 이정모 선생님께서 동네 할아버지로서 어떤 역할을 할지 지켜볼게요. (웃음)

살아 보니, 진화

2부

진화가
내게 온
순간

"저도 대학교 학부 때까지만
하더라도 열렬한 개신교
신자였어요. 그러다 서울
대학교에서 과학사와 과학
철학을 공부하기 시작하면서
대학원 초창기 때 실존적인
고민에 휩싸였어요. 폴 고갱의
질문. '우리는 어디서 왔고,
우리는 무엇이며, 우리는 어디로
가는가?'"

강양구　　이제 진화 이야기를 본격적으로 해 볼까요. '진화'라는 키워드가 내게 온 순간, 진화가 내게 의미 있게 각인된 순간을 공유하면서 이야기를 시작해 보죠.

이명현　　저는 중학교 2학년 때부터 고등학교 1학년 때까지 진짜 엄청난 사춘기 시절을 겪었어요. 조금 건방지게 말하면, 지금의 지적 정체성 대부분이 그때 형성된 것 같아요. 진화를 진지하게 고민한 것도 그때입니다. 물론, 학생 과학부 활동을 했으니 진화라는 단어는 들어 봤겠죠.

　　아까 사춘기 때 죽음에 집착했다고 했잖아요. 진화도 그 연장선에서 고민했어요. '진화의 끝은 개체의 죽음이다.' 이런 결론을 내리면서 혼자서 심각했던 기억이 나요. 그러다 진화를 다시 고민하게 된 게 1990년에 네덜란드로 유학 갔을 때였어요. 네덜란드 아른헴에 뷔르허스 동물원이 있어요. 잘 아시죠?

강양구   프란스 드 월(Frans de Waal, 1948년~)이 침팬지 연구했던 동물원이잖아요. 그 결과물이 장대익 선생님이 번역하시기도 했던 『침팬지 폴리틱스(*Chimpanzee Politics*)』이고요.

이명현   맞아요. 1990년에 네덜란드로 유학 가서 뷔르허스 동물원에 갔더니 특별전을 하고 있더라고요. 그런데 침팬지, 오랑우탄 우리 옆에 인간을 우리 안에 넣고서 보여 주는 거예요.

강양구   1990년대 초예요?

이명현   맞아요. 그러니까 그때가 인간 유전체 프로젝트(Human Genome Project, HGP)가 시작할 때잖아요. 인간과 침팬지, 오랑우탄이 사실은 그렇게 먼 존재가 아니다 하는 취지의 전시였죠. 전시물이 된 사람은 일당을 받고서 아르바이트하는 것이었고요. "바나나 던지지 마시오!"라고 적힌 경고판이 있었고, 인간 우리 안의 아르바이트생은 거기서 책도 읽고 운동도 하면서 인간의 일상 생활을 보여 줬죠.

강양구   인간, 침팬지, 오랑우탄을 다르게 생각하는 대중의 상식을 깨려는 의도였군요.

이명현   그렇죠. 그때 그 전시가 지금까지 기억에 남아요. 우리 인간이 진화의 결과물이라는 사실을 직접 보고 충격을 받았던 모양이에요.

강양구   이정모 선생님은 평소에 즐겨 하시던 이야기가 있었죠? 생화학을 공부하러 독일 본에 갔을 때, 지도 교수가 생명 현상을 탐구하는 과학도가 찰스 다윈(Charles Darwin, 1809~1882년)의 『종의 기원(*On the Origin of Species*)』을 안 읽었다고 타박했다는. (웃음)

이정모   저는 진화를 고등학교 때까지 단 한 번도 진지하게 교육받아 본 적이 없어요. 특히 중학교 때까지는 선생님이 잘못 가르치셨죠. 용불용설(用不用說)이 진화의 원동력이

라고 잘못 설명하셨으니까. 기린이 점점 높은 곳의 먹을거리를 찾다 보니 목이 길어졌고 그게 후손에게 전해진 것이 진화라고 생각했죠.

그러다 고등학교에서는 좋은 생물 선생님을 만났어요. 하지만 진화는 어차피 대입 학력 고사에 나오는 부분이 아니었어요. 교과서의 진화 부분은 그냥 넘어갔죠. 대학에서는 생물학 개론을 존 워드 킴볼(John Ward Kimball, 1931년~)의 『생물학(Biology)』으로 배웠어요. 놀라운 것은 그 책의 진화 부분도 교수님이 그냥 넘어갔어요.

강양구　　제가 대학생일 때 표지에 표범 사진이 있어서 '표범 책'이라고 불렀죠. 생명 과학을 공부하는 학생이라면 누구나 대학 1학년 때 들고 다니던 교과서. 통째로 진화를 안 가르치신 건가요?

이정모　　그렇죠. 그런데 시간이 없어서 넘어간 게 아니라 그때 교수님이 기독교 신자였던 거예요. 지금도 장로님이시고. 이런 의심도 해 봤어요. 신앙도 있지만, 그 교수님도 진화를 평생 제대로 배워 본 적도, 공부해 본 적도 없었다는 게 이유가 아니었을까? 학생을 가르칠 정도로 알지도 못했겠죠.

강양구　그런데 정말로 대학의 생물학 교수님 가운데 신앙 때문에 진화를 언급 안 하는 분들이 많아요. 저도 경험해봤고요.

이정모　맞아요. 그 교수님도 그런 분이었던 거예요. 아무튼 처음에 생화학과를 갔으니, 『종의 기원』을 읽으려고 시도는 했죠. 하지만 도저히 못 보겠더라고요.

이권우　번역본으로?

이정모　번역도 엉망이었겠죠. 그런데 원서로 읽어도 마찬가지였을 거예요. 기본적으로 『종의 기원』 자체가 재미없는 책이에요.

이권우　그렇죠.

　살아 보니, 진화

강양구　맞아요. (웃음)

장대익　지금 번역자를 앞에 두고서 이 사람들이! (웃음)

이정모　한 이야기 또 하고, 한 이야기 또 하고. 정말 지루해요. 그래서 다윈이 오해도 많이 받잖아요. 글을 못 쓰는 사람이라고. 그런데 다윈이 쓴 다른 책을 보면 아주 재미있거든요. 나중에 이것저것 살피고 나서야 다윈이『종의 기원』을 그렇게 쓸 수밖에 없었던 이유를 깨닫게 되었죠.『종의 기원』의 내용이 세상 사람에게 엄청나게 큰 충격을 줄 수밖에 없으니까, 이것저것 완충 장치를 둔 거죠.

강양구　그럼, 대학 다니면서 진화는 아예 듣도 보도 못한 거예요?

이정모　아니요. 배웠어요. 컴퓨터 과학과 송문석 교수님께 코딩을 배웠어요. 파스칼(Pascal)인가 하는 프로그램 언어 수업 시간에 배웠죠. 그분이 수업 시간에 진화 이야기를 많이 하셨어요. 그런데 그분이 우리나라 창조 과학회 초대 회

장님이세요. 아주 좋은 분인데. 창조 과학회 회장님께서 진화를 좋게 이야기하셨을 리가 없잖아요? (웃음)

그러다 독일에 갔을 때, 지도 교수 선생님과 술자리에서 『종의 기원』이야기가 나왔어요. "정모, 너는 어떻게 읽었어?" 하고 묻더군요. 그래서 솔직히 말했죠. "저는 안 읽었는데요." 그러니까 지도 교수 선생님이 너무나 의아해하면서 "그러고도 생화학자야?" 하고서 비웃더라고요.

그런데 그때 우리 지도 교수 선생님과 그 술자리에 있었던 분들은 정확하게 말하자면 화학자였어요. 생명 현상의 유기 화학을 연구하는 사람들. 기본적으로 화학자 정체성을 가진 이들이었죠. 그런데 그들은 『종의 기원』을 읽고 토론도 하는데, 저는 읽지도 않았던 거죠.

강양구　　그나마 생물학자 정체성에 가까웠는데도?

이정모　　그러니까 다 저를 주시하는데 "저는 안 읽었는데요." 이야기하니까 어이가 없었던 거죠. 지도 교수 선생님이 이러시더라고요. "너한테 시간을 줄 테니 『종의 기원』을 꼭 읽어 와라. 그 책 읽는 동안은 실험실에 안 나와도 된다." 그래서 어쩔 수 없이 독일어판을 사서 꾸역꾸역 읽었어요.

지도 교수 선생님은 이렇게 생각하셨던 모양이에요.『종의 기원』도 안 읽고 생명 현상을 연구하는 박사 과정을 한다는 게 말이 안 된다고. 그런데 한글로도 못 읽었는데 독일어판이 읽히겠어요? 더구나 모르는 단어가 너무 많아요. 그런데 찾아보면 다 비둘기야.『종의 기원』에 비둘기가 30종 이상이 나와요.

다윈 시대 영국에서는 육종(育種, 새로운 품종을 만들어 내거나 이미 있던 품종을 개량하는 일)을 통해 특이한 비둘기를 만들어 내는 게 유행이었거든요. 그러니까 그 많은 비둘기를 다 구분하고 따로 부르는 거예요. 미역, 다시마, 모자반, 톳, 김. 우리는 이걸 다 구분하는데 영어로는 다 seaweed잖아요. 해초. 안간힘을 쓰다가 결국 비둘기 때문에『종의 기원』읽는 걸 포기했어요.

제가 생태 유기 화학을 공부했잖아요. 자세히 말하면, 페로몬을 연구하는 거였어요. 페로몬을 연구하다 보니까 coevolution(공진화)이라는 단어가 나와. 식물과 곤충이 화학 물질로 소통해요. 그런데 마치 언어처럼 지역에 따라서 화학 물질이 달라져요. 그러면서, 서로 공격과 방어를 주고받으면서 함께 진화해요. 그러니까 진화를 모르면 이 주제를 연구할 수가 없어요. 그때야 왜 지도 교수 선생님이 그렇게 『종의 기원』과 진화를 강조했는지 알겠더라고요. 결국, 제가 연구하는 생태 유기 화학도 진화의 한 갈래였으니까요. 나중에 선생님께 이렇게 물었어요. "선생님에게 생화학은 무엇입니까?"

그랬더니 이렇게 답하시더라고요. "생화학은 진화를 화학적으로 연구하는 학문이다."

정말로 정확한 정리죠.

강양구　　인상적인 정의네요.

이정모　　아무튼, 그렇게 『종의 기원』, 나아가 진화와 계속 불화하고 있다가, 제 첫 책인 『달력과 권력』이 나올 즈음인 2000년 말 한국에 잠깐 왔어요. 최재천 교수님의 『개미 제국의 발견』이 나와서 인기를 끌 때였죠. 그 책을 읽는데 정말 재미있었어요.

그 책에 진화 이야기가 본격적으로 나오는 건 아니에요. 그냥 개미 이야기가 나오는데 진화 이야기가 기본 전제로

깔려 있죠. 자연스럽게 진화라는 세계를 그 책으로 접하게 된 거죠. 그때부터 최재천 교수님의 책을 따라 읽었죠. 최재천 교수님에게 관심이 생기니, 그 제자들인 장대익, 전중환 선생님까지 알게 되었고, 그러면서 드디어 진화에 눈이 뜨였죠.

그러다 한국에 들어와서 다시 창조 과학을 접하게 되었죠. 저만큼 창조 과학 책을 열심히 읽은 과학자는 없을 거예요. (웃음) 그런데 뜻밖에 소득이 있었죠. 진화는 정말로 어렵거든요? 그런데 창조 과학 책을 읽다 보니까, 자연스럽게 진화에 대한 개념이 생겨요. 창조 과학의 말도 안 되는 주장을 진화가 정말로 우아하게 반박하니까.

그러다 서대문 자연사 박물관장이 되는 행운이 왔죠. 자연사 박물관 관장이 되고 나서는 인간의 진화뿐만 아니라 지구에서 산소가 발생하고 나서부터 미생물이 발생하고 난 후 지금까지의 진화 역사를 전체적으로 볼 수 있는 안목이 생겼어요. 진화에 대한 전체적인 그림을 드디어 그릴 수 있게 된 거죠.

강양구　　공무원이 되면서 본격적으로 진화에 입문한 거네

요? (웃음)

이정모　　진화가 모든 것을 설명할 수는 없겠죠. 하지만 통찰이 있는 학문이에요. 과학의 역사에는 고전이 있어요. 니콜라우스 코페르니쿠스(Nicolaus Copernicus, 1473~1543년)의 『천체의 회전에 관하여(De Revolutionibus Orbium Coelestium)』, 갈릴레오 갈릴레이(Galileo Galilei, 1564~1642년)의 『대화: 천동설과 지동설, 두 체계에 관하여(Dialogo Sopra I Due Massimi Sistemi Del Mondo)』, 아이작 뉴턴(Isaac Newton, 1643~1727년)의 『프린키피아(Philosophiæ Naturalis Principia Mathematica)』 등. 하지만 이 책들 안 읽잖아요. 읽을 필요도 없고.

그런데 『종의 기원』은 여전히 읽히죠. 물론, 다윈은 유전학에 대한 지식이 없었어요. 하지만 『종의 기원』이 여전히 읽히는 이유는 그 책이 주장하는 아이디어가 여전히 우리에게 통찰을 주기 때문이죠. 그래서 지금은 늦게 다윈의 팬이 되었어요.

다윈이 태어난 집, 나중에 살면서 『종의 기원』을 집필한 집, 학교 다 가 봤어요. 저는 정말 다윈 팬이야. (웃음)

신앙이 답하지 못했던 질문

강양구   이권우 선생님은 진화를 다른 경로로 만났죠?

이권우   진화는 기독교가 제게 미친 영향력의 쇠퇴와 관계가 있어요.

강양구   기독교의 영향력을 크게 받으셨나요?

이권우   컸죠. 내가 이야기를 안 해서 그렇죠.

이명현   여기도 기독교야?

이권우   저는 모태 신앙은 아니에요. 하지만 어릴 때부터 교회를 다녔고, 한때 정말 열심인 신자였어요. 장대익 선생님도 비슷한 궤적을 밟았지만.

장대익   교회 오빠? (웃음)

이권우　　그렇죠.

이권우　　제가 중·고등학교 때는 신학 대학에 갈 생각도 했었으니까. 지금 생각해 보면 삶에 대한 도피였죠.

강양구　　그때 신학 대학에서 목사님이 되셨으면, 사이비 종교를 다룬 다큐멘터리에 나오셨을 수도 있었겠는데요? (웃음)

이권우　　지금도 가끔 후회하잖아요. 목사가 되었으면 정말 대단했을 텐데. (웃음) 우리 집은 정말 가난했어요. 성장기에 대한민국의 가난한 동네는 모두 돌아다녔어요. 그러다 최종적으로 안착한 게 성남이에요. 1970년대의 성남은 오로지 먹고사는 게 문제인 동네였죠. 문화가 없는 동네. 그 결핍감 때문에 국문과를 간 것 같기도 하죠.

　어렸을 때부터 세상살이가 어렵고, 나를 위안해 주는 게 없으니까, 신앙으로 도피해서 돌파구를 마련해 보려는 마음이 있었던 거예요. 기독교적 사고와 세계관으로 무장하고 1982년에 대학에 들어갔죠. 그런데 결국, 1980년 '5월 광주'라는 문제를 대면하게 된 거예요.

제가 고등학교 2학년 때 5월 광주에서 일이 벌어졌잖아요. 그때는 북한 간첩이 일으킨 폭동으로 알고 있었어요. 그런데 대학교 1학년 때 독일의 공영 방송인 북부 독일 방송(Norddeutscher Rundfunk, NDR)의 기자가 촬영한 다큐멘터리를 본 거예요. 그때 정신이 나간 거죠. 어떻게 내 나라 군인이 내 나라 시민을 죽이나? 이건 절대적인 질문이었어요.

그간 신앙에 매달렸던 질문과는 차원이 다른 또 다른 질문이 저를 사로잡은 거예요. '군인이 시민을 죽이는 나라에서 내가 산다는 게, 청년으로 산다는 게 도대체 무슨 의미인가?' 이 질문에 답하고자 카를 마르크스(Karl Marx, 1818~1883년)까지 이어지는 유물론적 사고를 받아들이게 됩니다.

당연히 제가 기존에 가지고 있던 종교성과 갈등을 일으키지 않았겠어요? 사실, 제가 종교성을 이론적으로 공부하고 싶어서 신화 공부를 굉장히 많이 했어요. 민망하지만, 그래서 제가 종교학자 미르체아 엘리아데(Mircea Eliade, 1907~1986년)에 대한 이해가 깊어요. 조지프 캠벨(Joseph Campbell, 1904~1987년)의 신화학, 하비 콕스(Harvey Cox, 1929년~)의 신학까지 모두 꿸 수 있어요.

이정모　　『세속 도시(*The Secular City*)』(1965년)의 하비 콕스?

이권우　　그렇지.『세속 도시』는 원래 콕스의 학위 논문이에요.

이정모　　기독교인으로 비슷한 책을 읽었네. (웃음)

이권우　　같은 세대니까.

강양구　　저는 콕스를 거꾸로 읽었어요. 콕스가 하버드 대학교 학생을 상대로 한 강의가 책으로 묶여서 나왔어요. 『예수, 하버드에 오다(*When Jesus Came To Harvard*)』. 저는 그 책을 읽고서 콕스의 다른 책을 찾아봤죠. 지금도 이 책을 기독교 신앙에 관심 있는 여러 후배에게 권하곤 하죠.

이권우　　여기서 문제가 생겨요. 그때만 하더라도 마르크스주의 유물론을 공부할 수 있는 좋은 책이 없었어요. 일본에서 건너온 천박한 책이 대부분이었죠. 예를 들어, 1983년에 거름 출판사에서 나온『철학사 비판』같은 책을 보면 니체 철학은 허접쓰레기예요. 사실은 그 책의 관점이 허접쓰레기였는데.

정말, 인간 정신의 정수를 천착하는 신화, 종교 관련 책을 읽다가 이런 조야한 책을 접하니 성에 찰 리가 없었죠. 그러다 다행히 국문과를 다닌 덕분에 헝가리의 루카치 죄르지(Lukács György, 1885~1971년)를 알게 되었죠. 그가 『소설의 이론(Die Theorie des Romans)』(1916년)을 쓰고 나서 문학에서 미학으로, 거기에서 철학으로 확장된 이론을 펼치죠.

사실 사회주의 철학자 가운데 지금까지 의미 있는 저술을 남긴 사람은 루카치와 이탈리아의 안토니오 그람시(Antonio Gramsci, 1891~1937년)밖에 없어요. 나머지는 모두 어용학자죠. 루카치의 저작을 읽고서야 품격 있는 유물론을 접할 수 있게 된 거죠.

그러면서 드디어 저를 사로잡고 있었던 신앙을 버릴 수 있었어요. 사실, 개인적으로 신앙을 가졌지만 한 번도 영적 체험을 해 본 적이 없어요. 그것도 제가 쉽게 종교성을 탈각할 수 있었던 이유죠. 그렇게 루카치를 따르는 유물론자가 되고 나서야 진화를 진지하게 고민할 수 있게 되었죠.

그런데 역시 제대로 진화를 공부할 수 있는 계기를 만나지 못했어요. 그러다 장대익, 최재천 선생님의 책을 읽게 됐죠. 그런데 순서를 정확히 해야죠. 이정모 선생님은 최재천, 장대익 순이었죠? 저는 장대익, 최재천 순이에요. 저는 장대익 선생님 책을 통해서 처음 진화를 제대로 이해하기 시작했으니까요. (웃음)

이정모　　아니, 2000년대 초에는 장대익 선생님 책이 없었다니까. (웃음)

이권우　　달라요. 저는 어디서든 장대익-최재천-전중환 순으로 이야기해요. (웃음) 이 세 진화학자의 책을 읽으면서, 드디어 유물론적 세계관에 맞춤한 진화 개념을 장착했어요.

장대익　　정말 흥미롭네요. 이권우 선생님은 유물론으로 진화를 만난 거네요.

강양구　　사실, 마르크스가 1873년에 『자본론(Das Kapital)』에 절절한 헌사를 써서 다윈에게 직접 보낸 적이 있어요.

살아 보니, 진화

이권우   유물론의 사유를 받아들이면 진화도 자연스럽게 받아들이게 되죠.

강양구   그렇네요. 마르크스와 다윈의 만남이 아니라 이권우와 장대익의 만남이네요. (웃음)

이정모   최재천 선생님께 전화합니다. (웃음)

진화는 우연과 함께

강양구   장대익 선생님은 어떠세요?

장대익   사실, 진화를 만나게 된 데에는 여러 가지 계기가 있었지요. 아시다시피, 저도 대학교 학부 때까지만 하더라도 열렬한 개신교 신자였어요. 그러다 서울 대학교에서 과학사와 과학 철학을 공부하기 시작하면서 대학원 초창기 때 실존적인 고민에 휩싸였어요.

폴 고갱(Paul Gauguin, 1848~1903년)의 질문. "우리는 어디서 왔고, 우리는 무엇이며, 우리는 어디로 가는가?"

이 질문에 누가 답변해 주길 원했어요. 개신교 신자였으니까 처음에는 신학서를 탐독했죠. 다음에는 이권우 선생님께서 오래전에 공부하셨을 종교 철학에서 무슨 이야기를 하는지 궁금해지더라고요. 서울 대학교 대학원에서 과학사와 과학 철학을 공부하면서 틈틈이 종교학과에서 종교 철학, 종교 사상사 같은 것도 공부했어요.

강양구　　서울 대학교 종교학과의 정진홍, 김종서 교수님 같은 분들 말씀인가요?

장대익　　맞아요. 그러다 보니, 이걸 좀 더 본격적으로 공부해도 되겠더라고요. 당시에는 종교 다원주의의 문제, 그러니까 종교, 특히 기독교와 진화를 어떻게 화해시킬 것인가 같은 문제가 첨예했어요. 과학 전공 가운데 이런 질문에 답할 수 있는 분야는 진화 생물학이라고 생각했어요.

　　지금도 그렇지만, 당시에도 KAIST는 창조 과학의 본산이었습니다. 그래서 개신교도인 학교 선배를 통해서 진화에 대한 여러 이야기를 들었죠. 솔직히 그때도 속으로는 갈 잡았어요. 개신교 신자가 봐도 창조 과학은 앞뒤가 맞지 않았거든요. 더구나 기계 공학도들이 아는 것도 없으면서 진화를 폄훼하는 게 우스웠죠.

'진화 생물학을 제대로 공부해 봐야겠다.' 이런 생각을 그때부터 했어요. 그래서 아예 석사 학위 논문 주제를 생물 철학으로 잡고서 진화 생물학을 공부했죠. 그런데 당시만 하더라도 서울 대학교 대학원에서 진화 생물학을 가르쳐 줄 만한 교수가 없었어요. 사실상 독학이었죠.

그즈음(1994년) 최재천 교수님이 미국 미시간 대학교에서 서울 대학교로 자리를 옮기셨죠. 최 교수님의 학부 수업을 청강했어요. 그때 진짜 놀랐어요. 영어 강의였는데, 한국 교수 가운데 영어로 저렇게 강의를 잘하는 사람이 있다는 사실에 먼저 놀랐어요.

그리고 수업을 듣는데 매번 놀랄 일인 거예요. 수업 사이 사이 논문이나 저서를 인용하는데, 그 저자가 자기 동료인 거예요. 이 교수랑은 공동 연구했고, 저 교수랑은 어떤 학회에서 만나서 이런 대화를 나눴고, 또 다른 교수는 지도 교수가 같고 등.

이명현　　그들이 모두 최 교수님의 인터뷰집인 『다윈의 사도들』에 나오죠?

장대익　예, 논문이나 책으로만 접한 유명한 사람과 직접 공동 연구하고 교류한 과학자가 앞에 있으니까 정신을 못 차리겠더라고요. 그동안은 도매상도 아닌 소매상한테 배웠다면, 이분은 아예 생산자 같더라고요. 그래서 박사 과정 수료할 때 즈음에 아예 최재천 교수님을 찾아갔죠.

강양구　원래 지도 교수는 누구였어요?

장대익　서울 대학교 철학과 조인래 교수님. 그분은 진화 생물학 전공자는 아니셨으니까요. 최재천 교수님은 박사 학위 논문 심사 교수 가운데 한 분이지만, 사실상 지도 교수 역할을 해 주셨죠. 처음부터 예사롭지 않았어요. "최 교수님 연구실에서 생활하고 싶습니다." 했더니 바로 자리 하나를 내주시더라고요.

정말 파격적인 결정이라서 나중에 물어봤어요. 그랬더니 이렇게 답하시더라고요. "내가 아무한테나 그러는 것 아니에요." (웃음) 그 전에 최 교수님 대학원 수업을 들었어요. 진화 생태학. 그때 열심히 했는데, 최 교수님이 그걸 아주 인상 깊게 보셨던 모양이에요. 외국에서도 과학자와 과학 철학자가 협업하는 모습을 많이 보셨는데 멋있어 보였다고 하시더군요. 그런데 한국에서 저 때문에 그런 기회가 생겨서 좋다면서 격려해 주셨죠.

그래서 연구실에 들어갔고 그곳에서 인간 팀을 맡게 됐죠. 앞에서 언급된 진화 심리학자 전중환 교수가 석사 과정 후배로 같은 연구실에 들어왔고요.

드디어 대학원에 입학하면서 던졌던 고갱의 질문을 제대로 해결할 가능성이 생긴 거죠. 만약에 그때 최 교수님을 만나지 못했으면 아마 저도 이상한 방향으로 갔을지 몰라요. 최 교수님께서 진화 생물학의 정수를 전해 주시면서 어떤 방향으로 공부해야 할지 방향을 잡아 주신 거예요. 정말 운이 좋았어요.

진화의 세계관을 확장할 수 있었던 또 다른 계기는 박사 학위를 받고 나서 하버드 대학교의 대니얼 데닛(Daniel Dennett, 1942년~) 교수에게 배울 기회를 가진 것입니다. 데닛 교수는 진화 철학의 대가잖아요. 이런 대가와 연구하면서 가장 크게 배운 일은 문제를 설정하고, 또 그 문제를 어떤 지점에 놓을지 큰 그림 속에서 파악하는 거였죠.

1년 동안 배우면서 정말 많은 깨달음이 있었어요. 특히, 결정적인 깨달음은 진화와 창조는 절대로 융합될 수 없다는 것이었죠.

강양구 과학자 가운데서도 신앙을 가진 이들이 은근히 기대는 방식이잖아요. "근원으로 거슬러 올라가 보면 창조는 필연이다." 하는 것처럼.

장대익 개신교 중에서는 성공회의 접근 방식이죠. 하지만 대니얼 데닛, 리처드 도킨스(Richard Dawkins, 1941년~) 같은 진화학자에게 배우면서 창조와 진화는 양립 가능한 세계관이 아니라는 사실을 깨닫게 되었어요. 진화는 어떻게 의미 없는 것에서 의미가 나오는지를 따져요. 하지만 유신(有神) 종교는 의미가 먼저 있고, 그것이 의미 없는 것을 만들어 낸다고 하죠. 그러니까 설계가 먼저 있고 그 설계에 따라서 세상 만물이 만들어지는 거예요. 완전히 반대죠.

이렇게 서로 반대되는 세계관이 어떻게 양립할 수 있겠어요? 두 세계관은 충돌하는 거예요. 물론, 보통 사람이라

면 그냥 이런 모순되는 상황을 인정하면서 살아갈 수 있어요. 하지만 저는 바로 이 문제의 답을 찾는 연구자잖아요. 회피해서는 안 되죠. 당시의 고민을 모은 책이 바로 2009년에 나온 『종교 전쟁』입니다.

이권우 정말 좋은 책이죠.

강양구 역시 개신교 안수 집사이신 이정모 선생님은 어떠세요?

이정모 안수 집사지만, 교회에 안 나간 지 꽤 됐어요. 물론 신앙은 여전해요. 사실, 진화와 창조는 저 같은 기독교인에게는 정말 중요한 문제예요. 고백하자면, 교회에서 강연 요청이 많이 와요.

이권우 와, 이정모가 복음을 전해? (웃음)

장대익 무슨 강연을 하세요? 반응이 어때요?

이정모　흥미로워요. 예배 시간에 예배당에서 교인을 대상으로 하는 강연을 하죠. 처음에는 공룡 이야기를 하다가 결국 진화 이야기가 나와요. 분위기는 상반됩니다. 3분의 2 정도는 크게 반발하지 않아요. 사실, 우리나라의 기독교인은 미국과 같은 근본주의와는 거리가 있어서 그런 것도 같아요.

강양구　우리나라 기독교가 대부분 기복 신앙이어서일까요?

이정모　맞아요. 애초 신앙의 이유가 나와 가족의 복(福)이잖아요. 그래서 교리에 집착하지 않고. 그러다 보니 신앙과 과학이 크게 충돌하지 않는 거죠. 아무튼, 그렇게 예배 시간에 강연하고서 아무런 문제 없이 마무리되면 목사님이 봉투에 70만 원을 넣어 줘요.

강양구　문제가 생기면 액수가 달라지나요? (웃음)

이정모　달라요. (웃음) 강연하고 나올 때 욕설이 터지는 곳이 있어요. "목사님 뭐 하시는 거예요?" "왜 저런 사람을 불러요?" 이런 반발이 생기는 거죠. 그럼, 목사님이 어설프게 해명하시죠. 그러고 나서 저한테는 또 미안해하면서 봉투를 줘요. 그때는 봉투에 한 150만 원이 들어 있어요. (웃음)

이권우　욕 값이네.

이정모　그러니까 애초에 봉투를 2개 준비하는 거죠. 목사님도 간을 보는 거예요. 자기 교회 신도가 어느 정도 수준인지, 저 같은 사람을 불러서 강연을 시켜 보고서 자기 신도의 수준을 가늠하는 거죠.

장대익　저도 잘할 수 있는데, 왜 안 부르죠? (웃음)

이정모　그렇게 교회에서 강연할 때는 유신론적 진화론자 정도로 제 입장을 정해요. 왜냐하면, 그곳에서 유물론적 진화론자의 입장을 강변하면 목사님의 우군이 없어지는 거예요. 목사님이 "신이 없다." 이렇게 주장하는 사람을 옹호할 수는 없잖아요. 에드워드 윌슨(Edward Wilson, 1929~2021년)이 미국 남부 침례교계에 지구 환경을 지키기 위해 과학계

나 종교계가 손을 잡자고 제안했을 때도 비슷하지 않았을
까요?

보편 다윈주의

강양구 이제 화제를 바꿔 볼까요? 진화의 문제가 지금까
지는 인류, 그리고 더 나아가서는 지구 생명체의 문제였죠.
그런데 양상이 달라질 수도 있어요. 앞으로 몇 년 안에 화성
이나 목성, 토성의 위성에서 생명체가 발견될 가능성이 있
습니다. 그러면 진화의 문제가 지구가 아니라 우주의 문제
로 거듭나죠. 여기서 이런 질문을 던져 볼게요. 외계 생명체
의 진화는 지구 생명체의 진화와 같은 과정을 거칠까요?

이명현 기본적으로 물리 과학을 하는 과학자의 관점에
서 보자면, 우주라는 자연 환경은 두 가지 특징을 가지고 있
어요. 광활한 공간과 무한한 시간. 그리고 그 안에는 굉장히
다양한 구성 요소가 있어요. 이런 조건을 염두에 두면 우주
생태계에서는 모든 경우의 수가 가능해요. 거의 무한대에
가까운 경우의 수가 있을 수 있죠.

그것보다 더 중요한 전제가 있어요. 이 광활한 공간과 무한한 시간에 같은 물리 법칙이 적용된다는 거죠. 우주 생태계의 모든 구성 요소는 기본적으로 원자로 이루어져 있죠. 그리고 이 원자들이 모여서 어떤 조건을 만족하면 생명체라고 부를 만한 것이 되겠죠.

당연히 그 생명체도 지구의 탄소 기반 생명체같이 진화할 테고, 그 진화의 과정은 다윈이 『종의 기원』에서 강조한 자연 선택을 따를 거예요. 그러니까 다윈은 지구뿐만 아니라 우주 전체에서 통용되는 진화의 기본 원리를 찾아낸 거예요. 다윈이 정말로 대단한 과학자인 것도 이 때문이죠.

물론, 행성마다 자연 환경이 아주 다르고, 그곳에서 일어나는 자연 현상의 양상도 다르겠죠. 중력이 세거나 약한 것처럼. 그렇다면 지구에서는 진화할 수 없는, 우리는 상상할 수도 없는 생명체가 가능할 수도 있겠죠. 앞에서 아주 다양한 생명체가 진화할 수 있다고 보는 것도 이 때문이고요.

강양구　　구체적으로 예를 들어 보면 어때요? 이명현 선생님께서 연구하시는 우주 생물학의 관점에서, 지구 생명체와는 어디가 어떻게 다를까요?

　　　　　　　　　　살아 보니, 진화

이명현　　지구 생명체는 기본적으로 물이 중요한 조건이에요. 탄소 기반의 생명체는 물이라는 용매 속에서 탄화수소로 이루어진 유기 분자 속에 에너지를 저장했다 내놓는 일이 가능하죠. 그러다 지구 대기의 산소 농도가 높아지면서 산소 친화적인 생명체가 진화하기에 유리한 환경이 조성됐죠. 지구에서는 약 35억 년 동안 이런 우연, 우연, 우연이 겹쳐서 지금과 같은 다양성이 탄생한 거예요.

　　그런데 이 사다리가 여러 개일 수가 있어요. 목성 같은 기체 행성이라면 어떨까요? 그곳에서는 에너지를 저장하고 내놓는 모습이 지구와는 전혀 다른 생명체가 가능할 수도 있겠죠. 칼 세이건(Carl Sagan, 1934~1996년)은 이것을 부유 생명체(Floater)라고 불렀습니다. (홍승수 교수님은 『코스모스(Cosmos)』 한국어판에서 그걸 '찌'라고 번역하셨죠.) 그것은 지구 생태계의 생명체와는 아주 다르겠지만, 생명체가 아닐 이유는 없겠죠.

강양구　　그렇다면 그건 지구 생명체의 기준으로는 생명체라고 정의하기 어렵잖아요?

이명현　　그건 우리가 생명체를 어떻게 정의하는가에 따라 달라지겠죠. 생명체를 에너지 흐름의 관점에서 본다면 어떨까요? 바깥에서 에너지를 받고, 그 에너지를 생체 에너지로 써서 개체를 유지하고, 어떤 방식이든 번식해서 종의 특성을 유지하고. 그러면 이걸 생명체로 보지 않을 이유가 있을까요?

이정모　　여기서 정리를 해야 해요. 생명이란 무엇인가? 지구 생명체의 특징이 있잖아요. 생명체 내부와 외부가 구분되어 있고, 에너지 대사를 하고, 자기 번식하고, 진화하고, 이런 특징을 염두에 두고서 생명체를 정의해야지, 에너지 흐름만 있으면 생명체다 하고 정의하면 너무 넓어지죠.

강양구　　이정모 선생님께 동의해요. 지금 NASA가 화성에서 찾는 것도 지구 생명체와 유사한 무언가잖아요?

이명현　　그래서 그 두 가지를 구분해서 이야기하자는 거예요. 앞에서 강조했듯이 우주에는 거의 무한대에 가까운 경우의 수가 있으니 지구 생명체의 관점에서는 상상할 수도 없는 무엇인가가 있을 가능성을 배제해서는 안 된다는 거예요. 그런 전제를 염두에 두고서 지구에서도 생명체라고 인정할 법한 외계 생명체가 존재할지를 탐색해 보자는 겁니다.

장대익　정리해 볼게요. 두 가지 질문이 중요할 것 같아요. 하나는, 아까 이명현 선생님도 언급했듯이, 자연 선택이라는 과정이 지구가 아닌 다른 곳에서도 진화를 이끄는 기작일까? 다른 하나는 그 진화의 결과가 우리가 지구에서 볼 수 있는 생명체와는 다른 어떤 것일까?

　우선 첫 번째 질문의 답은 명확해요. 아까 이명현 선생님께서도 다윈의 위대함을 말씀하시면서 강조하셨지만, 우주 어디에서든 자연 선택은 보편적으로 적용해서 생태계의 다양성과 정교함을 만들어 낼 겁니다. 이 질문을 놓고서는 여러분 모두 동의하실 겁니다. 다들 동의하시죠?

이명현, 이정모　예스!

장대익　예. 그걸 보편 다윈주의(universal darwinism)라고 하

죠. 탄소 기반 생명체만이 아니라 우주 어딘가에 규소 기반 생명체가 있어도 자연 선택은 진화의 기본 원리로 작용할 거예요. 생명체의 조성이 무엇이든 상관없어요. 자연 선택은 생태계의 다양성과 정교함을 만들어 내는 필요 충분 조건이에요.

이명현　　개념적으로 비약해서 만에 하나 우주 어딘가에서, 상상할 수 없는 일이긴 하지만, 중력 법칙이 바뀐다고 하더라도 자연 선택은 통해요.

이정모　　중력 법칙이 갑자기 왜? (웃음)

이명현　　그러니까 가정해 보자는 거죠.

장대익　　반면에 두 번째 질문을 놓고서는 정말 다양한 가능성을 배제하지 말아야죠. 지구와는 전혀 다른 환경에서도 아주 오랜 시간 동안 수많은 우연이 겹쳐서 지구 생명체와는 상상할 수 없을 정도로 다른 외계 생명체가 진화할 가능성을 우리는 충분히 생각해 볼 수 있죠.

강양구   당장 지구에도 문어처럼 상당한 지능을 가진 해양 생명체가 있죠. 여기서 우주에서 지구로 돌아와 또 다른 상상을 해 보죠. 인류는, 또 지구 생명체는 어떤 방향으로 진화하고 있을까요? 우리는 쉽게 진화의 정점에 인류가 서 있다고 믿잖아요.

이정모   오만이죠. 호모 사피엔스가 등장한 게 약 30만 년 전입니다. 그 30만 년 동안에도 끊임없이 변화가 일어났어요. 새로운 생명체가 나타나고 과거의 것은 소멸하고. 호모 사피엔스만 하더라도 계속해서 진화했어요. 심지어 보노보(*Pan paniscus*)는 침팬지(*Pan troglodytes*)와 호모 사피엔스가 갈라지고 나서야 뒤늦게 침팬지에서 갈라져 나왔죠.

그러고 보니 우리 딸이 유치원생일 때 국립 과천 과학관 특별 전시실에서 열렸던 '다윈전(展)'에 데리고 간 적이 있어요.

장대익   2009년이었죠? 그때 제가 초대했어요. (웃음)

이정모   맞아요. 그 전시가 아주 인상적이어서 우리 딸은 어린 나이에 이미 진화 개념이 잡힌 거예요. 조기 교육을 한 셈이죠. 그러고 나서 얼마 후에 교회 주일 학교에서 서울 대공원으로 소풍을 갔어요.

그때 전도사님이 딸이랑 친구들한테 물어본 거예요. "여러분 저 원숭이가 사람이 되려면 얼마나 시간이 걸릴까요?" 아이들이 답을 했죠. "100년이요." "1만 년이요." "1000만 년이요." 그러다 "1억 년이요." 하는 답이 나오니까 끝났어요. 유치원생이 상상할 수 있는 가장 긴 시간이 1억 년이었던 거죠. (웃음)

그때 우리 딸이 손을 들어서 이렇게 답했대요. "저 원숭이는 사람이 절대로 될 수가 없어요." 바로 일주일 전에 장대익 선생님이 그렇게 아이한테 일러 줬거든요. (웃음)

그러자 전도사님은 이때다 싶어서 이렇게 답했어요. "맞아요. 하느님께서 원숭이, 침팬지, 사람을 각각 따로 만들었기 때문에 그래요." 그때 딸이 또 이렇게 답했어요. "그게 아니에요. 사람하고 침팬지는 오래전에 공통 조상이 있었는데 지금은 갈라져서 각자 진화하고 있어요."

강양구　　또 딸 자랑이다. (웃음) 그때 현장에 계셨어요?

이정모　　현장에는 없었어요. 일요일에 전도사님이 와서 이러시더라고요. "안수 집사님, 큰일 났어요. 우리 하윤이가 이런 불경한 얘기를 하는데 어떻게 된 걸까요?" 그래서 제가 장대익 선생님을 팔 수는 없어서 제가 그렇게 설명해 줬다고 말했어요. 결말이 비극인데, 그 일 때문에 전도사님이 교회를 떠났어요. 충격 받아서.

장대익　　진짜 실화예요?

이정모　　실화예요. 이런 사탄 같은 안수 집사가 있는 교회에는 있을 수 없다고 하셨던가? (웃음) 그분은 저하고도 친했는데 충격을 받은 거예요. 좋은 분이었는데 아쉬워요. 좀 더 같이 이야기하고 그랬으면 좋았을 텐데. 그래서 조기 교육이 중요해요.

강양구　　그러면 지금도 우리는 당연히 진화 중이겠죠?

장대익, 이정모　　그럼요.

이명현　　　그런데 그 부분에서 헷갈리는 게 있어요. 인류라는 종의 진화는 가능할까? 지금 호모 사피엔스 사피엔스(*Homo sapiens sapiens*)가 약 80억 명이잖아요. 지구 인류는 모두 서로 영향을 주고받으면서 살아가요. 2020년부터 3년간 전 인류가 코로나19 팬데믹으로 함께 고생한 게 그 단적인 증거죠. 그렇다면 우리는 고립된 환경 조건을 확보할 수 있을까요?

장대익　　　고립이 꼭 진화의 필요 조건은 아니에요.

이정모　　　그렇죠. 이렇게 질문 던져 볼 수도 있겠죠. 1만 년 전, 2만 년 전 사람이 술을 잘 마셨을까? 알코올 분해 효소가 있었을까? 그런데 지금은 단 하루라도 술을 마시지 않으면 혀에 바늘이 돋는단 말이죠. 인류가 농사를 짓기 시작한 이래 1만 2000년 동안에도 우리 소화 기관은 정말로 엄청나게 많이 변화한 거예요.

강양구　　　캘리포니아 주립 대학교 버클리 캠퍼스의 생물학자 로버트 더들리(Robert Dudley)가 주장한 '술 취한 원숭이'

가설도 있으니까요. 알코올 분해 효소는 농사짓기 전에도 있었을 거예요. (웃음)

이명현 물론, 인류는 변화하는 상황에 맞춰서 진화해 왔죠. 제가 묻고 싶은 것은 호모 사피엔스 사피엔스와 아예 다른 종으로 진화하기에는 지금 우리의 조건이 안 맞지 않을까 하는 거죠. 호모 사피엔스 사피엔스가 과연 새로운 종으로 다시 갈라질 수 있을까 하는 질문이에요.

장대익 어쨌든 호모(*Homo*) 속에서는 사피엔스 종 하나만 남았잖아요. 한 250만 년 전에는 여러 종이 있었어요. 호모 하빌리스(*Homo habilis*), 호모 에렉투스(*Homo erectus*), 네안데르탈인(*Homo neanderthalensis*) 등. 그러다 모두 멸절하고 우리 호모 사피엔스만 남았잖아요. 바로 이 점 때문에 우리가 착각해요. 우리만 남았기 때문에 '결국 진화의 목표가 우리가 아니었던가?' 이렇게요.

  사실은 다 가지치기 당하고 우연히 우리만 살아남은 거죠. 우리가 네안데르탈인보다 협력을 잘해서 살아남았을까요? 저는 모르겠어요. 그냥 운이 좋아서 살아남았다고 생각

해요. 물론, 우리가 이룬 것이 많아요. 특히 공감의 반경을 넓혀 온 게 컸다고 생각해요.

그럼 지금으로부터 10만 년 후 혹은 1만 년 후에 분기가 일어날 수 있을까? 일어날 수 있어요.

이명현 저는 인류가 달이나 화성으로 이주했을 때나 그런 분기가 가능하겠다고 생각해요.

장대익 젖당 분해 효소가 대표적인 사례죠. 원래 인류는 젖먹이 때만 젖당 분해 효소가 있다가 성인이 되면 없어져요. 그런데 성인 가운데도 젖당 분해 효소가 작동하는 변이가 생긴단 말이에요. 우유를 마셔도 아무런 문제가 없는 사람이 바로 그 변이를 가진 거죠.

이정모 낙농 문화 때문이잖아요.

장대익 예, 낙농 문화가 있었고, 그 낙농 문화에서 우유를 아무런 문제 없이 마실 수 있도록 하는 유전자가 널리 퍼지게 된 것이죠. 그런데 만약에 인류가 화성으로 이주한다면, 그건 정말로 중요한 분기점이 되겠죠. 화성에 인류가 집단 이주했을 때, 그들 가운데는 화성 환경에 조금이라도 더 잘 맞는 이들이 있을 테고, 그들의 유전자가 더 잘 퍼지겠죠.

화성에 간 인류는 지구의 다른 인류와 격리가 된 상태일 테니까, 그렇게 화성 환경에 맞춤한 유전자를 가진 이들이 대세가 될 테고, 그렇게 시간이 10만 년 정도가 지나면 정말 종 분화가 이루어질 수도 있어요. 만약에 정말로 인류가 화성으로 집단 이주를 한다면, 미래의 진화학자들은 인류의 진화를 실제로 관찰할 수 있겠죠.

강양구 인류사적으로 보면 두 가지 가능성이 있겠죠. 하나는 일론 머스크식 가능성입니다. 그러니까 인류 가운데 일부가 화성으로 영구 이주하는 거죠. 시간이 지나면 지날수록, 화성 인류는, 방금 장대익 선생님께서 말씀하신 것처럼, 화성 환경에 적응하는 식으로 바뀔 테죠. 그러면 10만 년 정도 지난 다음에 '호모 마르스(*Homo mars*)' 같은 새로운 종이 등장할 수도 있겠죠.

또 다른 가능성은 지구에 격변이 일어나는 거예요. 어떤 식으로든 대격변이 일어나서 지구에 사는 인간끼리 서로 고립될 수밖에 없는 상황이 생기는 거죠. 기후 위기가 원인이 될 수도 있겠죠. 그렇다면 지금으로부터 수십만 년 전 지구에서 호모 속이 곳곳에서 고립되어서 개별적으로 진화했던 것과 같은 모습이 반복될 수도 있죠.

이정모　　그런데 굳이 10만 년까지 필요한 것 같지는 않아요. 진화에는 그렇게 긴 시간이 필요하지 않아요.

이권우　　대충 몇 만 년?

인간, 진화의 설계자가 되다

장대익　　사실, 1만 년이어도 충분해요. 그런데 지금 과학 기술의 가능성을 생각해 보면 천재지변이나 기후 위기 때문이 아니더라도 인간 종의 분화가 가능할 수도 있어요. 과학 기술을 통한 인간 개량. 트랜스휴먼(transhuman)! 지금도 계속 추구하는 사람들이 있고 아마 그게 인간 종 분화의 주류가 될 것 같아요.

이권우 신이 된 인간?

장대익 앞으로 생명 공학이 더욱더 발전하면 유전자를 태어날 때부터 고쳐서, 몸과 마음의 여러 기능이 강화된 존재들이 등장하겠죠.

강양구 그런 식의 유전자 강화를 네 분 선생님은 불가피하다고 보세요?

이명현 결론부터 말하자면, 막기는 힘들다.

강양구 가치 판단을 해 보자면요? 바람직하다 혹은 바람직하지 않다?

이명현 굳이 둘 중에 선택하라면 바람직하다 쪽이에요. 왜냐하면, 우선 막기 힘들다는 전제가 있어요. 거기다 아까 진화 이야기를 꺼낸 것도 호모 사피엔스라는 종도 결국은 멸종할 수도 있고 다른 종으로 분기할 수도 있잖아요. 그렇다면 그 멸종이나 분기의 조건이 화성 이주나 지구 환경의

격변이 아니라 유전자 강화라고 해도 상관없는 거죠.

그런 의미에서 지금 고민해야 할 지점은 유전자 강화 같아요. 어떻게 활용할지 공론화하고 사회적 합의를 이뤄 둬야겠죠. 계속 막기만 하다가 어디선가 그것이 현실이 되고, 그때야 우왕좌왕한다면, 혼란도 훨씬 더 커지고 그 부작용도 더 커질 것 같아서 그래요.

강양구　세 분 선생님께서 덧붙이시겠지만, 당연히 여러 문제가 꼬리에 꼬리를 물고 일어나겠죠. 과학 기술은 정치, 경제, 사회, 문화의 여러 요인과 상호 작용합니다. 그런데 지금까지 우리 인류가 문명을 지속해 오고 만들어 온 꼴을 보면 낙관보다는 비관 쪽의 전망에 손이 가요. 당장 소득에 따라 유전자 강화에 대한 접근권에도 차이가 있겠죠.

이권우　저는 이런 문제를 마이클 샌델(Michael Sandel, 1953년 ~)을 통해서 알았어요. 샌델의 『완벽에 대한 반론(*The Case Against Perfection*)』이라는 책이었죠? 그때만 하더라도 크리스퍼(CRISPR) 유전자 편집 같은 것을 몰랐을 때니까 SF 같은 이야기라고만 생각했어요. 1997년에 개봉했던 할리우드 영화 「가타카

(Gattaca)」 같은 이야기라고요. 그런데 금세 유전자 편집을 통한 유전자 강화가 과학 기술적으로 가능한 상황이 도래했 잖아요.

강양구　그렇지만 도대체 어떤 유전자를 어떻게 편집해야 원하는 기능을 원하는 방식으로 강화할 수 있을지 잘 모르는 상황이에요. 아마도 앞으로도 오랫동안 바로 이 문제 때문에 유전자 강화에 제동이 걸릴 거예요.

이권우　저는 반대예요. 결국 앞에서 언급했던 영원과 불멸에 대한 집착, 혹은 「길가메시 서사시」와 같은 상황이 반복될 테니까요. 바람직하지 않아요. 왜냐하면, 그런 유전자 강화에는, 강 기자가 이야기한 대로 현실의 불평등이 반드시 반영될 거니까요. 인류가 더욱더 불행해질 겁니다.

장대익　과학 기술이 발전하고 산업화가 확산되는 과정을 생각해 보세요. 예를 들어, GPS(Global Positioning System, 전 지구적 위치 결정 시스템)가 처음 발명됐을 때 군사 기술이었고, 말도 안 되게 비싼 거였어요. 요즘은 더 싸져서 휴대 전화 안에 들어 있잖아요. 처음 개발하는 데에는 비용이 많이 들었지만, 결국 이것이 살아남으려면 박리다매의 길을 찾을 수밖에 없어요.

그렇다면 유전자 강화도 처음에는 아주 비싸서 능력이 있는 부자만 혜택을 보겠지만, 나중에는 다수 대중도 득을 볼 수 있지 않을까요? 오히려 저는 유전자 강화를 통한 구별 짓기(distinction), 그리고 그런 구별 짓기가 새로운 유전자 계층으로 고착화할 가능성이 더 큰 문제 같아요.

강양구   결국 비슷한 우려 아닐까요. 유전자 강화의 혜택을 입은 부자는 그렇지 못한 가난한 사람과 구별 짓기를 하려고 할 테고, 그게 문화적 수준을 넘어서 유전적 수준에서 고착되면 나중에 그 과학 기술이 확산되더라도 접근권에 제한을 둘 수도 있고. 결국 유전자 강화가 인류의 행복을 증진하기보다는 갈등을 부추기는 형태가 되겠죠.

이권우   그런 유전자 강화 기술이 확산되더라도, 분명히 명품이 따로 나오리라고 생각해요. 소수의 부자는 그 명품으로 또 구별 짓기를 할 테고. 분명히 새로운 계급이 생길 거예요.

강양구　　지금도 전 지구적인 불평등의 격차는 상상을 초월하잖아요. 그런 전 지구적인 격차까지 염두에 두면 지역별로 달라질 유전자 강화에 대한 접근권 제약도 큰 문제가될 겁니다. 유전자 강화 혜택을 받을 수 있는 지역과 그렇지못한 지역으로 나뉠 수도 있어요.

장대익　　제가 스타트업을 하면서 기술에 대한 이해가 달라졌어요. 스타트업에서 시도하는 많은 기술이 결국에는사회 문제랑 깊은 연관이 있어요. 예를 들어, 우리 회사((주)트랜스버스)에서 개발하고 서비스 중인 온라인 비대면 교육플랫폼이 지향하는 것도 유명인의 강의를 듣기 어려운 이들에게 값싸고 편리한 도구를 제공하는 일이에요.

　무슨 말이냐면, 일단 과학 기술을 확보하고 있으면, 그것을 선한 방향으로 활용할 가능성을 분명히 찾을 수 있고, 또그 일을 하려는 이들이 있다는 거예요. 그래서 오히려 저는테크 스타트업을 하면서 과학 기술에 대해서 낙관주의자가되었어요.

이정모　이권우 선생님은 맨날 저를 기술 낙관주의자라고 욕하죠. 그런데 저는 그런 욕을 들어도 기분이 좋아요. 저한테는 칭찬이에요. 알리바바(인류)가 호리병에서 지니(과학 기술)를 풀어 줬잖아요.

강양구　알리바바가 아니라 알라딘! 알리바바는 「알리바바와 40인의 도둑」이고요. (웃음)

이정모　아, 맞다. 아무튼 알라딘이 지니, 그러니까 생명 공학을 호리병에서 풀어 줬어요. 이제는 생명 공학으로 여러 일을 할 수 있다는 걸 하나씩 확인하고 있어요. 크리스퍼 유전자 편집이 대표적이죠. 예를 들어, 유전자 편집으로 키를 키울 수 있다면, 그냥 사람들이 작은 키 때문에 스트레스 받지 않고 큰 키를 가지면 좋잖아요.

이권우　아니, 당신은 키가 작아도 인기 강사인데 왜? 이제 키까지 키우려고요? (웃음)

이정모　아, 진짜 키 때문에 스트레스 많이 받아요. 이권우 선생님은 키가 커서, 작아 본 적이 없어서 몰라요. 제 소원이 뭔지 알아요? "다시 태어나면 어떻게 되고 싶어요?" 하고 누가 묻는다면, 딱 하루라도 키 크고 잘생긴 사람으로 살아 보고 싶어요. (웃음)

어, 어, 어, 하다가 이런 일이 농담이 아니라 현실이 되는 세상이 올 거예요. 실제로 해당 분야를 연구하는 과학자가 오히려 보수적이에요. 그들의 예측보다도 빨리 변곡점이 와서 세상이 확 변하는 순간이 있어요. 저는 우리가 그 지점에 이미 도달해 있다고 생각해요. 인류는 그간 환경에 적응하면서 자연 선택으로 진화했어요. 그런데 자연 선택이 아닌 과학 기술로 진화가 가능한 세상이 이미 온 거예요.

강양구　　그 과정에서 서로 아주 심한 경쟁을 할 수도 있잖아요.

이정모　　그 고비를 어떻게 넘기느냐에 인류의 미래가 달려 있겠죠. 하지만 저는 기본적으로 낙관적입니다. 앞에서도 이야기했지만, 올해 2월에 국립 과천 과학관 관장을 그만두기 전까지 제가 과학 기술 정보 통신부 공무원 가운데

살아 보니, 진화

나이가 제일 많았어요. 저도 전쟁 경험을 못했으니 대한민국 공무원 가운데 전쟁을 경험해 본 사람이 단 한 명도 없는 거죠.

지금 한반도에는 할아버지, 아들, 손자 이렇게 3대가 전쟁을 경험해 보지 못한 가정도 많아요. 우리나라뿐만 아니라 전 세계가 그래요. 물론, 러시아와 우크라이나도 전쟁 중이고, 서남아시아의 시리아나 예멘에서도 수년째 내전이 계속되고 있고, 아프리카에서도 고통 받는 사람이 많긴 하죠.

하지만 전 세계 인류의 다수는 태평성대를 살고 있어요. 세계 경제가 복잡하게 얽혀 있어서 전쟁을 쉽게 할 수 없는 세상이 된 거죠.

장대익　　핵전쟁이 일어나면 모두 죽는다는 걸 알기 때문에 최소한 강대국 사이의 열전(熱戰)은 계속해서 피하는 상황이죠. 하지만 혼란스럽기는 해요. 이 평화가 언제까지 계속될 것인가? 혹시 지금이 폭풍 전야는 아닌가? 이런 불안감이 계속 있는 것도 사실이죠.

강양구　　맞아요. 제1차 세계 대전이 일어나기 전, 그러니까 19세기 말부터 20세기 초의 벨 에포크(Belle Époque) 시대에도 많은 사람이 태평성대가 계속될 것이라고 믿었죠.

이정모　제 이야기를 참고 들어 봐요. 우리는 이렇게 전쟁 없는 시대에서 일상 생활을 하고 있어요. 부모로부터 물려받은 부에 따라서 빈부 격차는 있지만 말이죠. 그래도 최소한 자기 몸만큼은 유전의 한계를 벗어나지 못했단 말이죠. 가난해도 부모 덕분에 키 크고 잘생긴 사람도 있고, 부자여도 키 작고 못생긴 사람도 있고.

　이제 빈부에 따라서 그것마저 달라진다면 어떨까요? 사람들도 그건 못 참을 것 같아요. 따라서 생명 공학을 독점한 기업은 시민의 호응을 받으면서 비즈니스를 하기 위해서라도, 또 돈을 많이 벌기 위해서라도 다수 대중이 혜택을 입도록 할 수밖에 없겠죠. 그렇다면 인류 전체적으로 변이가 불가피해지는 상황이 될 거예요.

장대익　그런데 우리는 다양성의 문제도 생각해 봐야 해요.

강양구　다양성이 중요하죠. 모두 키 크고, 모두 잘생긴 세상이라니. 결국, 모두 비슷해지는 세상이 올 테니까요.

이정모　　생각해 봐요. 일단 모두 키가 커요. 그럼 키가 큰 게 의미가 없어져요. 그때는 지금 인류보다 키가 좀 더 큰 상태에서 또 다른 다양성이 생기겠죠. 이렇게 우리가 평화로운 세상을 유지한다면 과학 기술이 추동하는 변이는 가속화할 수 있어요.

이권우　　아니오. 저는 강 기자와 생각이 비슷한 편이에요. 아무래도 강 기자 글도 많이 읽고 해서 영향을 받은 것 같은데요. 인류의 역사를 에너지의 관점에서 보면 석탄, 즉 화석 연료를 쓰면서 엄청난 변화가 생겼어요. 따지고 보면, 우리는 근대 이전까지는 물, 바람, 햇빛이나 땔감 같은 바이오매스(biomass)를 에너지로 써 왔죠.

　그러다 석탄을 쓰기 시작하면서, 또 그게 증기 기관의 발전과 맞물리면서, 산업 혁명이 촉발되었고 지금까지 이어졌죠. 지금 화석 연료를 태우면서 발생한 탄소 때문에 기후 위기가 생기니까 너도나도 다시 풍력(바람), 태양광(햇빛) 등의 재생 에너지를 이야기해요. 사실, 석탄 이전으로 돌아가

자는 겁니다.

그런데 일단 판도라의 상자를 열어서 화석 연료에 맛을 들이다 보니 과거의 재생 에너지로 돌아가지 못하는 거예요. 1997년 기후 변화 협약 교토 의정서, 2015년 파리 협정 등 계속해서 말만 많고, 인류가 기후 위기에 실효성 있는 실천을 못 하는 것도 같은 이유고요.

유전자 강화는 또 다른 판도라의 상자를 여는 게 될 텐데요. 방금, 이정모 선생님이 이야기한 것처럼 유전자 강화의 맛을 적당히 보면서 인류에게 도움이 되는 방향으로만 이용할 가능성은 작아요. 제가 생명 공학과 같은 과학 기술 발전에 상대적으로 비관적인 이유도 이 때문이고요.

그래서 저는 '판도라의 상자' 이야기가 호모 사피엔스에게 가장 중요한 신화라고 생각해요. 판도라가 상자를 열었다가 온갖 불행한 것들이 튀어나오니까 놀라서 닫잖아요. 상자에서 나오지 못하고 남아 있던 게 바로 희망이에요. 판도라의 상자는 대지를 상징하는 거라 생각해요. 더는 추출하지 않아야 희망이 있다는 말이지요.

이정모　　계속 열어 뒀어야죠. 그럼, 희망도 나왔을 텐데.

(웃음)

이권우　오늘, 이정모 선생님이랑 싸우겠는데요? (웃음) 아무튼, 저는 인류가 과학 기술을 통제하지 못하면 기후 위기에 더해서 다른 위기까지 맞을 거라고 생각해요.

이명현　장대익 선생님 생각은 어때요?

장대익　일단 인류는 여전히 욕망을 채우지 못했어요. 이권우 선생님 말씀대로 오랫동안 지하에 갇혀 있던 화석 연료를 캐내서 에너지를 펑펑 쓰는 맛을 인류 가운데 일부 지역, 일부 세대는 봤죠. 그리고 그걸 전 세계가 추종하려고 합니다. 제2차 세계 대전 중에 나온 원자력 발전도 여기에 가세했고요.

　이걸 인류가 자제할 수 있을까요? 지금과는 비교할 수 없을 정도로 에너지 소비가 작았던 과거로 돌아갈 수 있을까요? 제 대답은 부정적이에요. 지금 기후 위기를 걱정하는 과학자와 지식인은 지구 표면 온도가 섭씨 1.5도 이상이 아니라 섭씨 2도 이상 오를 가능성을 높이 칩니다. 하지만 당장의 일이 아니라서 다들 무감각해요.

결국 인류는 기후 위기의 심각한 결과를 보고서야, 그러니까 일상 생활의 터전이 물에 잠기고서야 방향을 트는 실천을 할 거예요. 그런 점에서 우리 시대의 가장 심각한 문제 가운데 하나는 이 위기에 대한 '감각의 지연'을 어떻게 해결할지입니다. 일단은 뾰족한 해법이 없으니 저도 마냥 낙관할 수만은 없네요.

살아 보니, 진화

우리를
우리로 남아 있게
하는 것

"와, 지금 우리는
'진화 유학'이 탄생하는
모습을 보고 있나요?"

AI와 인류의 공존은 가능한가

강양구   여기서 자연스럽게 인공 지능과 로봇 이야기로 넘어가죠. 장대익 선생님께서는 과학 기술 가운데 특히 AI나 로봇의 활용 가능성을 놓고서 걱정이 크세요. 지금 AI와 로봇이 인간의 자리로 들어오는 일을 방치하면 인류에게 엄청난 불행을 야기할 수도 있다, 이런 견해를 갖고 계시죠?

장대익   맞아요.

강양구   그럼, 고개를 갸우뚱하게 돼요. 과학 기술을 발전시키려는 인간의 욕망을 과연 제어할 수 있을까? 이런 관점이라면 AI나 로봇의 발전도 통제하기 어렵지 않나요?

장대익　아니죠, 달라요. 예를 들어, 제가 큰 집에 산다고 해 보죠. 실제로는 작은 집에 살아요. (웃음) 그런데 제가 사업이 망해서 어쩔 수 없이 작은 집으로 이사해요. 물론, 작은 집에서도 살 수는 있습니다. 하지만 그렇게 큰 집에 살다 작은 집으로 이사하면 그 상실감은 엄청날 거예요. AI는 바로 이런 위험을 초래하죠. 챗GPT(Chat-GPT)가 나와서 생산성이 높아져서 당장은 좋아요. 그런데 얘가 갑자기 "너 바보 아니야? 이걸 몰라?" 이렇게 반문하기 시작하면 어떨까요?

이권우　앗, 그건 이정모 선생님이 맨날 하는 말이에요. 제가 과학 질문하면 맨날 이정모 선생님이 이래요. "바보냐? 넌 그것도 모르냐?" (웃음)

장대익　그러니까 인간이 잘해 왔고 인간의 정체성이라고 생각하는 부분에서 AI를 도저히 따라갈 수 없다고 느끼는 순간 우리는 굉장한 좌절감에 빠질 거예요. 일자리도 마찬가지죠. 우리에게 일자리는 그냥 돈벌이 수단이 아니잖아

　　　　살아 보니, 진화

요. 자아 실현의 수단이기도 하죠. 그런데 그런 일자리를 AI와 로봇이 빼앗으면 그 상실감이 어떻겠어요?

물론, 방법은 있어요. 그런 좌절감과 상실감에서 빠져나오는 유일한 방법은 '그래, 그게 원래 우리 일인 줄 알았는데, 혹은 인간의 정체성인 줄 알았는데, 잘못 생각했네. 그건 인간의 정수가 아니었어. 우리는 AI나 로봇이 못 하는 다른 걸 할 수 있어.' 이렇게 사고의 전환을 하면 살길이 있겠죠.

강양구　　그건 정신 승리 같은데요? (웃음)

이정모　　아니죠. 저는 그게 답이라고 생각해요.

장대익　　그런데 과연 인류가 그런 사고의 전환을 해낼 수 있을까요? 어렵겠죠. 그래서 AI나 로봇의 발전을 통제해야 해요. 아직은 충분히 기회가 있고요.

이정모　　아니죠. 우리는 AI와 로봇 덕분에 다시 구석기 시대로 돌아갈 수 있어요. 하루에 3시간쯤 들판을 돌아다니면서 채집하고 사냥하다가, 남은 시간은 그냥 일하지 않고 보내는 삶 말이죠. 그때는 하루하루 먹고사는 일을 걱정할 정도로 생산성이 낮았지만, 이제 우리가 노는 동안에는 AI와 로봇이 일을 할 테니까요. 그런 미래를 기대해 봐요.

이권우　당신처럼 진보적인 사람이 그런 말을 함부로 하면 안 되죠. AI와 로봇이 도입되었을 때 그런 유토피아 같은 결과로 이어질 가능성이 얼마나 될까요?

강양구　다시 한번 강조 드립니다만, 과학 기술은 항상 정치, 경제, 사회, 문화와 상호 작용할 수밖에 없잖아요. 우리가 사는 세상이 불평등한 세상이면 과학 기술이 도입되더라도 그런 부조리를 심화하면 심화했지 해결하지는 않거든요. 그런 주장을 아주 엄밀하게 해낸 책이 대런 아세모글루(Daron Acemoglu)와 사이먼 존슨(Simon Johnson)의 『권력과 진보(*Power and Progress*)』죠.

이정모　전적으로 동의해요. 그래서 아까도 강조했잖아요. 우리가 과학 기술이 뒷받침하는 긍정적인 미래를 기대할 수 있으려면 지금보다 더 나은 평화 체제, 지금과는 비교할 수 없을 정도로 발전한 민주주의가 필요해요. 과학 기술의 발전과 함께 평화 체제, 민주주의가 공고화되지 않으면 인류의 미래는 파멸이겠죠.

지금 과학 기술 발전의 성과를 인류가 제대로 따 먹기 위해서라도 평화 체제와 민주주의의 공고화를 위한 강력한 실천이 필요해요. 제가 진짜 하고 싶은 말입니다.

공감의 반경 넓히기

이권우   저는 계속해서 비관적인 이야기를 할 수밖에 없는데……, 지금 AI나 로봇의 발전을 추동하는 힘이 바로 자본의 자기 증식 논리잖아요. 그런 상황에서 과연 AI나 로봇의 발전이 우리의 행복을 증진하는 데에 이바지하는 방향이 될 수 있을지 계속해서 회의가 생기는 겁니다.

강양구   맞습니다. 사회가 어떤 꼴인지에 따라서 과학 기술의 모습도 달라지거든요. 똑같은 AI나 로봇이라고 하더라도 소수 기업의 이윤 추구를 위해서 개발되는 것과 민주주의와 평등한 분배가 전제된 상태에서 개발되는 것은 아주 다를 거예요. 우리가 지금까지 봐 온 게 대개는 전자라서, 후자는 현실화되지 못하는 경우가 많지만요.

이명현　　저는 AI나 로봇을 다른 각도에서도 살펴보고 싶어요. 우리가 AI나 로봇을 놓고서 이야기할 때 자꾸 '인간적'이라는 수식어를 쓰잖아요. 그런데 '인간적'이라는 게 도대체 무엇인지 한번 따져 볼 필요도 있어요. 사람들은 '인간적'이라는 수식어에 공감 능력 같은 것을 짝지어요.

　　그런데 어느 순간에 AI나 로봇이 '공감하는 척'을 훨씬 더 잘하면 어떻게 되나요? 그럼, AI나 로봇이 더 '인간적'이 되는 건가요? 칼 세이건이 『코스모스』에서도 의미심장한 이야기를 합니다. 냉정하고 이성적인 판단 능력을 놓고서 '비인간적'이라고들 하는데, 자기가 보기엔 가장 인간적인 요소가 바로 그 능력이라는 거예요.

　　어쩌면 더 냉정하고 더 이성적인 판단 능력을 기르는 것이 AI와 로봇의 부상에 대응하는 태도가 될 수도 있어요.

강양구　　따뜻함은 AI에게 줘 버리고 우리는 더 차가워지자? (웃음)

이명현　　여기서 장대익 선생님이 『공감의 반경』에서 이야기하셨던 "정서적 공감"과 "인지적 공감"의 대비로 연결이 됩니다. 사실, 제가 강연에서 강양구 기자 이야기를 종종 해요. 강양구 기자가, 사실은 제 제자인데, 참으로 공감 능력이 떨어진다, 하지만 그것은 '정서적 공감' 능력이다, 강 기자는 대신 '인지적 공감' 능력은 뛰어나다.

이권우　　강 기자가 인간답지 못하죠. (웃음)

이명현　　아니라니까요. 우리에게 중요한 것은 '정서적 공감'이 아니라 '인지적 공감'을 늘리는 거예요. 그런 점에서 보면 강 기자는 오히려 굉장히 인간적이죠. 우리가 다른 인간, 그러니까 타인을 넘어서 동물 같은 비인간 타자와 공감하기 위해서도 '정서적 공감'이 아니라 '인지적 공감'을 늘려야 하죠.

이권우　　여기서 제가 오늘 대화에서 가장 중요한 얘기를 할 거예요. (웃음) 혹자는 뤼트허르 브레흐만(Rutger Bregman)의 『휴먼카인드(*HUMANKIND*)』 같은 책을 놓고서 "세계적으로 유명한 저자"가 쓴 필독서라고 추천하더라고요. 그런데 저는 동의 못 하겠어요. 그 책보다 100만 배는 더 훌륭한 책이 『공감의 반경』이고, 이 책이야말로 전 세계인이 읽어야 한다고 생각해요.

장대익　　강 기자, 이거 확실히 기록해 줘요. 알았죠? (웃음)

강양구　　사실 국내 지식인 몇몇이 『휴먼카인드』를 칭송하는 것을 보면 부끄럽죠. 그 정도로 상찬할 만한 책이 아니거든요. (웃음)

이권우　　농담 아니고 진짜로 『공감의 반경』이 100만 배는 훌륭해요. 『공감의 반경』 26쪽의 한 부분을 읽어 줄게요. "타인에 가해진 고통스러운 자극을 보는 것만으로도 피질에 있는 고통과 연관된 뉴런 일부가 활성화된다." 타인의 고통을 보면서 감정 이입이 자동으로 일어나는 거잖아요. 이게 뭐냐? 이게 바로 맹자가 말한 '성선설(性善說)'이에요.

　　맹자가 말하기를, 인간은 타고나기를 선한 본성이 있어요. 맹자가 이런 사례를 들어요. 일면식도 없는 어린아이가

살아 보니, 진화

우물을 향해 기어가서 빠지려고 해요. 그때 우리는 어떻게 행동하느냐? 나랑 전혀 관계가 없는 아이인데도 나도 모르게 즉각적으로 아이를 잡잖아요. 내 머리가 동한 게 아니라, 내 마음이 동한 거죠.

맹자가 다시 따져 물어요. 아이를 잡은 이유가 뭘까? 아이를 안 잡으면 사람들이 비난할까 봐? 아니죠. 그 아이를 구하고 나서 부모한테 대가를 청구하려고? 아니죠. 그냥 자기도 모르게 본능이 작동해서 그 아이를 구하려고 나선 거죠. 맹자는 그래서 인간은 타고나길 선하다고 본 거예요.

강양구　　『공감의 반경』의 핵심은 제목에서도 드러나듯이 공감의 반경을 넓히는 일이잖아요. 그것도 맹자의 사상과 연결이 되나요?

이권우　　그 점이 이 책을 높이 평가하는 또 다른 이유죠. 일단 묵자를 봅시다. 묵자는 "온 인류를 다 사랑하라." 이렇게 설파해요. 남의 아버지를 내 아버지처럼 섬기라고 하는 거죠. 그런데 맹자는 이런 묵자를 비판해요. 어떻게 남의 아버지를 내 아버지처럼 섬길 수 있느냐고 반문해요. 현실적으로, 인간은 내 아버지를 더 사랑할 수밖에 없잖아요.

이렇게 맹자는 가족을 향하는 사랑의 마음이 가장 우선이라는 걸 인정해요. 하지만 여기서 그치지 않죠. 그 사랑의 마음을 가족의 틀을 벗어나서 확장하라는 거예요. 어디까지? 천하까지. 천하의 인간은 당연하고 뭇 생명까지 확장하라는 거예요. 다만, 그 사랑은 어쩔 수 없이 같지 않아요. 가족의 울타리를 넘어 확장될수록 농도가 옅어지죠.

강양구 그러니까 맹자가 보기에 묵자의 이야기는 그럴듯하지만, 현실성이 없다고 본 거네요.

이권우 사실, 묵자가 그런 이야기를 할 때는 비밀이 있어요. 묵자가 말한 네 아버지처럼 섬겨야 하는 남의 아버지가 누구겠어요?

강양구 왕?

이권우 맞아요. 왕이죠. 묵자 사상은 겉과 달리 속은 전제주의를 옹호하는 철학이에요. 하지만 공자와 맹자는 전제주의를 반대해요. 그래서 천륜(天倫)과 인륜(人倫)을 말하는 거예요. 천륜은 부모와 자식 관계죠. 천륜은 절대 못 끊는 관계예요. 반면에 인륜은 부부 관계도 끊을 수 있고, 군신 관계도 당연히 끊을 수 있어요.

이건 공자의 『논어』에도 나오는 이야기인데, 자신의 충언을 듣지 않으면 군신 관계를 즉각적으로 끊어도 된다고 해요. 천륜의 관계가 100퍼센트 사랑이라면 여기서 인륜으로 확장하면서 그 농도가 점점 옅어지는 거예요. 맹자는 그런 현실을 인정하면서 그 사랑을 계속해서 '확충'해 가야 한다고 주장한 거죠.

강양구　　맹자가 정확하게 본 거네요. 장대익 선생님도 이야기했지만 혈연으로 엮인 사람, 닮은 사람에게 정서적이든 인지적이든 훨씬 더 공감하기 쉽잖아요. 그걸 인정하더라도 그 공감의 반경을 넓히려고 노력해야 한다는 주장을 이어서 맹자가 한 셈이고요. 정말 통하는데요? (웃음)

이권우　　확장, 맹자의 표현을 빌리자면 확충이 중요해요. 우리가 공감의 능력을 내 몸에 체화해서 최초로 그 가치를 실현하는 곳은 가정이에요. 그런데 거기서 머물면 안 돼요. 수신제가치국(修身齊家治國). 확장되어야 합니다. 국가로, 천하로. 평천하(平天下), 천하가 되는 순간 인간의 범위를 넘어서죠. 이게 나중에는 양명학에서 뭇 생명까지 확장되는 거예요.

물론 그 공감의 농도, 사랑의 농도는 다를 수밖에 없죠. 내 가족을 사랑하는 마음과 가난한 이웃을 사랑하는 마음이 어떻게 같을 수가 있겠어요. 이걸 맹자는 "차등애(差等愛)"라고 부릅니다. 하지만, 그래도 가난한 이웃도 사랑해보자고, 그렇게 공감의 반경을 넓혀 보자고 제안하는 게 바로 맹자 사상의 핵심이에요.

강양구　　와, 지금 우리는 '진화 유학'이 탄생하는 모습을 보고 있나요?

이명현　　진화 유학, 좋다.

장대익　　그러네요. 맹자도 인간의 본질을 탐구한 철학자이니까, 서로 연결되는 부분이 당연히 있겠죠. 오늘 이권우

선생님 덕분에 많이 배웠습니다.

강양구　　이 주제를 마무리하면서 질문 하나 드릴게요. 그 공감의 반경을 어떻게 넓힐까요? 그 차등애를 어떻게 천하까지 확장할 수 있을까요?

이권우　　『공감의 반경』195쪽에서 공감 배양 방법을 제안하죠. 심리학자 애란 핼퍼린(Eran Halperin)이 인지적 재평가를 통해 감정을 조절함으로써 외부자에 대한 분노를 줄이고 인지적 공감을 키울 수 있다고 말해요. 이 부분도 맹자와 통해요. 맹자도 차등애를 어떻게 확장할지 계속해서 고민했어요. 그러면서 강조한 게 바로 역지사지(易地思之)예요.

강양구　　아! 역지사지가 그 대목에서 등장하는군요.

장대익　　교육, 독서, 또 다양한 방법으로 공통의 경험을 갖게 하는 것. 그게 역지사지를 실현할 방법이죠.

이권우　　똑같아요. 맹자가 가장 중요하게 생각한 게 바로 역지사지가 가능한 사람을 키우는 교육이었으니까요.

새로운 진화를 위해

장대익 그러면 이렇게 질문을 색다르게 바꿔 볼까요? 지금 인류가 계속해서 공감의 반경을 넓히는 쪽으로 가고 있다고 봐요. 엄청나게 노력하고 있죠. 그렇다면 우리가 정말로 그동안 해 왔던 시행착오, 수많은 갈등을 해소하면서 다른 차원으로 넘어갈 수 있을까요? 지금과는 질적으로 다른 차원의 평화를 지향하는 진화의 새로운 단계가 가능할까요?

이명현 어렵죠. 하지만 가능성은 있고 그랬으면 좋겠다는 마음도 있어요. 핵심은 인지적 공감의 반경을 넓히는 것 같아요. 앞에서도 나왔지만, 공감의 반경이 넓어질수록 정서적 공감의 농도는 떨어질 수밖에 없어요. 그렇다면 그걸 인지적 공감으로 보완할 수밖에 없어요.

이권우 『논어』에 "기소불욕 물시어인(己所不欲 勿施於人)"

이라는 말이 나와요. 내가 하고 싶지 않은 건 남에게도 시키지 마라. 이게 되게 중요해요. 그런데 여기서도 함정이 있어요. 이 말을 뒤집어 보면, 내가 하고 싶은 일은 남에게 시켜도 된다는 결론에 이르게 되잖아요? 강제로라도.

강양구　　그렇네요. 오묘한데요. 내가 생각하기에 옳은 일, 선한 일은 강제로라도 시킬 수 있다는 식의 접근으로 이어지니까요.

이권우　　맹자는 바로 그 맹점을 이야기해요. 그는 아무리 선한 일이라도 강제성을 띠면 사람의 마음을 사로잡지 못한다고 강조해요.

강양구　　맞아요. 20세기에 여러 가지 사회 개혁 프로젝트가 있었잖아요. 1917년 러시아 볼셰비키 혁명이나 1960년대 후반 중국 문화 대혁명은 대표적인 사례이고요. 하지만 대개 폭력적으로 바뀌었죠.

이권우　　맹자는 결국 타고난 선한 마음을 확장하려면 교육이 답이라고 생각했어요. 옳다고 강제로 밀어붙여서는 절대로 안 되고요. 저는 이런 맹자의 비전이 지금 우리에게 아주 중요한 과제를 던진다고 생각해요. 우리가 공감의 반경을 넓히지 못하면, 그래서 현실의 불평등한 구조를 개선하지 못하면 어떻게 될까요?

AI나 로봇과 같은 과학 기술의 발전은 인간의 고통을 더욱더 심화하는 방향으로 진행될 거예요. 공감의 반경을 넓히지 못한 채 진행되는 과학 기술 발전의 결론은 대단히 위험한 사회일 거예요. 제가 『공감의 반경』, 또 그것과 연결되는 맹자의 사상에 주목하는 것도 이 때문이고요.

장대익　동의합니다. 하나만 덧붙일게요. 공감의 반경이 넓어질 때 그 공감의 농도가 옅어지는 건 어쩔 수 없어요. 특히 정서적 공감은 마일리지 같은 거라서 쓸 만큼 쓰고 나면 다른 대상에게는 더 쓸 게 없어지죠. 그래서 어떤 이들은 공감과 관련된 유전적 조성을 알게 되면 "아예 개조하자." 이렇게 상상해 보는 그룹도 있어요.

그러니까 우리가 지금까지 진화하면서 가지게 된 공감의 그릇을 아예 인위적으로라도 키우자는 거예요. 황당하죠? 하지만 유전적인 소인 자체를 바꿔서 우리 공감의 그릇을 키울 가능성이 있다면 그것도 충분히 고려할 만한 가치가 있다고 생각해요. 공감의 반경을 키우는 일이 얼마나 어려우면 이런 소리가 나올까 싶기도 하고요.

이정모　우리가 공감의 반경을 넓히는 일을 가로막는 중요한 감정 가운데 하나가 타인에 대한 질투예요. 그런데 이런 질투는 왜 생겨요? 항상 자원이 부족하니까 생겨요. 측은지심의 대상은 대체로 가진 게 없어서 마음이 가는 이웃이잖아요. 사실, 제일 좋은 사회는 측은지심조차 필요 없는 사회죠. 풍족한 사회! 곳간에서 인심이 나요.

강양구　최근에 읽은 역사책 중에 이언 모티머(Ian Mortimer, 1967년~)의 『변화의 세기(Centuries of Change)』가 있어요. 11세기부터 20세기까지 1,000년의 역사를 정리한 책이죠. 그런데 모티머가 이정모 선생님과 똑같은 이야기를 해요. 자기가 인류 1,000년의 역사를 살펴봤더니 결국은 곳간이 풍족해야 하더라.

이정모　　곳간이 풍족해야 민주주의도 생기는 거예요. 그런 점에서 저는 낙관적이에요. 생산성을 충분히 더 발전시킬 여지가 있으니까요.

강양구　　이언 모티머는 비관적이에요. 곳간이 풍족한 상태를 인류가 계속해서 유지할 수 있을까 의심하는 거죠.

이정모　　저도 무조건 낙관하는 건 아니에요. 과학 기술의 발전을 보면 가능성이 보이는데, 또 기후 위기라는 아주 커다란 벽을 생각하면 힘들 것도 같고요.

결국, 이런 질문을 던져 보는 거죠. 진화는 뭘까요? 진화의 전제 조건은 멸종이에요. 지구에서 자연 선택으로 또 다른 진화가 가능하려면 우리를 포함해서 많은 사람이 사라져야 해요. 옛날 생명체가 멸종하면서 우리가 등장할 때까지의 진화는 긍정적이었지만, 지금 우리가 멸종 위기에 처하는 일은 피해야 하잖아요.

저는 공룡을 좋아하지만, 그들과 같이 살고 싶은 생각은 눈곱만큼도 없어요. 그들이 멸종했기 때문에 우리가 등장할 수 있었으니까요. 그러니까 지금 우리에게 가장 좋은 일은 우리가 지구에서 사라지는 일을 피하는 거예요. 그러려면 전쟁을 피하는 게 핵심이에요.

사실, 기후 위기로 지구가 데워지면 인류가 더워 죽는 게 아니에요. 물 부족, 식량 부족 같은 문제가 발생하면 전쟁 가능성이 커지죠. 그렇게 전쟁이 발생하면 지금까지 생산성을 높이는 등 긍정적인 역할을 해 왔던 과학 기술이 우리가 서로를 죽이는 용도로 사용되겠죠.

앞에서 했던 이야기를 다시 반복하자면, 민주주의가 발전해서 과학 기술에 강한 영향을 주고, 다시 과학 기술이 우리 공감의 반경을 넓히는 선순환이 이뤄지도록 해야 해요. 물론, 이제 우리의 과제는 아니죠. 다음 세대가 이런 모습을 만들 수 있도록 응원할 수밖에 없죠.

강양구   다음 세대 공감의 반경은 오히려 좁아지는 모습이 보여서 걱정이에요.

장대익   오죽하면 디지털 부족화(部族化), 이런 이야기가 나오겠어요.

3부   우리를 우리로 남아 있게 하는 것

이권우　　그들을 그렇게 옹졸하게 만든 게 다 우리 세대가 잘못했기 때문이에요. 그래서 처절하게 반성하고 다음 세대가 갈 길을 찾을 수 있도록 해결의 토대라도 마련하려고 노력하는 걸 멈춰서는 안 된다고 생각해요. 우리가 망쳐 놓고서 이제는 다음 세대가 해결해라, 이런 것도 무책임해요.

이정모　　그런데 우리가 어떻게 해결해 주죠?

이권우　　하여튼 뭐라도 해야 하지 않겠어요?

장대익　　우리, 밥이라도 먹으면서 해결책을 찾아봅시다. (웃음) 그나저나 애초 구상했던 대로 이야기가 잘 오갔어요?

강양구　　처음에는 이렇게 네 분을 모아 놓았는데, 이야깃거리가 없으면 어쩌나 싶었는데 굉장히 다양한 고민이 쏟아져서 좋았어요. 분명히 독자들도 재미있게 읽을 거라고 확신해요.

장대익　　애초에 기대가 없었구면. (웃음)

이권우   이것들이 모여 봤자 무슨 생산적인 이야기를 하겠어? (웃음)

이정모   늙은이들이 뭘 하겠어? (웃음)

강양구   아니, 오랜 시간 이야기 잘해 놓고서 왜 이러세요. 얼른 식사나 하러 가요.

이정모   그런데 대화에 곁들인 술이 좋네. (웃음)

살아 보니, 진화

진화가 우리를 자유케 하리라

세상에서 가장 어려운 게 진화였고, 가장 낯선 게 진화였다. 진화는 첫 만남부터 일그러졌다. 진화란 말을 처음 들었을 때는 아마도 초등학교 3학년 때였던 것 같다. 내가 아직도 여천 바닷가에 살 때였으니 말이다. 어느 날 담임 선생님은 뜬금없이 우리에게 두 단어를 가르쳐 주셨다. 진화와 용불용설. 너무도 특이한 발음의 단어였고 그 내용이 너무도 충격적이라 아직도 그 장면이 잊히지 않는다. 선생님의 가르침은 이러했다.

"생명은 변한다. 이걸 진화라고 한다. 그런데 가만히 있는다고 변하는 게 아니고 끊임없이 노력해야 변한다. 기린이 조금씩 높이 달린 나무 이파리를 먹으려고 노력하다 보면 자신도 모르는 사이에 목이 조금씩 길어진다. 그리고 목이 길어진 기린은 목이 긴 새끼를 낳는다. 어미의 노력이 자식에게 이어지는 것이다.

하지만 높은 곳에 매달린 잎을 먹으려고 노력하지 않는 기린은 목이 길어지지 않는다. 그리고 거기서 태어난 새끼도 목이 짧다. 이것이 바로 용불용설이다. (난 이때 여기에 나오는 용을 '쓸 용(用)'이 아니라 '용 용(龍)'으로 이해했고 그래서 이 단어가 매우 멋지게 느껴졌다.) 노력은 자신만이 아니라 자식까지도 변화시킨다. 그러니 우리도 모두 모든 부분에서 노력해야 한다. 그래야 우리도 발전하고 자식들도 발전한다."

선생님이 그날 용불용설과 진화를 말씀하신 이유는 빤하다. 공부를 열심히 하고 철봉도 열심히 해야 한다는 것을 강조하기 위해서였다. 선생님의 의도는 나름대로 효과가 있어서 우리는 잠깐이나마 매일 철봉과 정글짐에 매달리고 숙제도 열심히 했다. (물론 그런다고 우리 팔이 길어지지도 않았고 선생님께 덜 맞은 것도 아니었다.)

첫 키스, 첫 투표의 추억을 잊지 못하듯 진화에 관한 첫 배움은 내 뇌리에 박혀 다른 생각이 들어설 틈을 허락하지 않았다. 그럴 수밖에 없는 게 중학교 때라고 해서 다르게 배우지 않았다. 중학교 생물 선생님 역시 용불용설이 틀렸고 (그때는 자연 도태로 통했던) 자연 선택이 옳다는 걸 가르쳐 주지 않으셨다. 선생님은 스스로 자주 헷갈려서 우리를 더 돌게 만들기도 했다. 돌이켜 보면 선생님은 자연 선택설을 제대로 이해하지 못했던 것 같다.

고등학교 때에야 용불용설이 틀렸다는 것을 배웠다. 우리 생물 선생님은 당시 인기 참고서였던 『로고스 생물』의 공저자 2명 가운데 1명이었는데 내 인생에서 가장 훌륭한 생물 선생님이었다. 내가 이렇게 말할 수 있는 이유는 그 선생님에게 배운 후 생물 시험에서 거의 틀리지 않았기 때문이다. 선생님의 비결은 암기다. 암기의 중요성을 강조하셨고 최대한 우리가 잘 암기할 수 있도록 잘 도식화된 판서를 하셨다. 판서를 노트에 베껴 쓰는 것만으로도 암기의 반은 끝낼 수 있었다.

게다가 아주 간결하고 명쾌하게 이해시키는 재주가 있었다. 예를 들면 이런 식이다. "(당시 비루스로 통하던) 바이러스는 기생 생활을 한다. (사실 생활이라고 할 수는 없다. 생명체가 아니니까.) 기생은 누군가에 얹혀사는 건데, 그걸 숙주라고 한다. 바이러스는 숙주에 따라서 동물성, 식물성, 세균성으로 나눌 수 있다."

단어에 대한 정의가 끝나면 꼭 학생에게 질문을 했는데

항상 기운이 없으셔서 바로 앞에 앉아 있는 내게 물으셨다.

"정모야, 정모가 감기에 걸렸다고 해 보자. 그렇다면 그 감기 바이러스는 동물성, 식물성, 세균성 어느 바이러스에 해당할까?"

잠깐 생각하고 대답해야 했다. 아니면 한 대 쥐어박히기 때문이다. '감기 바이러스면 뭔가 세균 비슷한 것 아닐까?' 그리고 얼른 대답했다.

"세균성 바이러스입니다."

그러자 선생님은 놀리듯이 말씀하셨다.

"정모, 정모는 자신이 세균이라고 생각하는가 보구나."

나 덕분에 내 친구들은 기생과 숙주 개념을 확실히 할 수 있었다.

학년말에는 드디어 용불용설이 나왔다. 교과서에는 두 장의 그림이 있었다. 왼쪽 그림에서는 목이 짧은 기린들의 목이 점점 길어지고 있었고, 오른쪽 그림에서는 목의 길이가 다양한 기린 무리에서 결국 목이 긴 기린만 살아남았다. 중학교 때 보던 바로 그 그림이었다. 고등학교 선생님은 중학교 선생님과 달리 헷갈리지 않고 분명히 말씀하셨다.

"용불용설은 틀렸고 자연 선택설이 맞다."

살아 보니, 진화

하지만 초등학교 3학년 때 이미 (그 멋진 이름의) 용불용설에 세뇌된 나는 결코 그 선언을 받아들일 수 없었다. "그걸 어떻게 알 수 있습니까?"라는 식으로 몇 번 반항하자 선생님이 또 비웃듯이 물으셨다.

"정모, 네가 말하는 것은 획득 형질이 유전된다는 거야. 그러면 네가 사고를 당해서 손을 잘리면 네 자식도 손이 잘려서 태어나니?"

금방 깨달았다. 용불용설은 말이 안 됐다. 하지만 난 기분이 나빴다.

선생님도 딱 거기까지였다. 용불용설이 틀린 것은 알겠는데 자연 선택설이 맞다는 것은 내게 보여 주지 않으셨다. 그리고 또 선언하셨다.

"시험에 나오면 용불용설은 틀리고 자연 선택이 맞는 거야. 그렇게 골라! 그게 답이야! 끝!"

성적에 눈이 먼 나는 속마음과 달리 선생님의 가르침대로 답을 골랐다. 성적은 좋았다.

용불용설과 龍이 아무 상관도 없다는 것을 안 다음에는 더 이상 용불용설이라는 단어에 끌리지는 않았지만, 이번에는 장바티스트 라마르크(Jean-Baptiste Lamarck, 1744~1892년)가

나를 사로잡았다. 자연 선택설을 주장한 찰스 다윈은 이름이 너무 밋밋하지 않은가. 여기에 비해 장바티스트 라마르크는 이름부터 격조 있어 보였다. '과학자 이름이 이 정도는 되어야지.'

이런 말도 안 되는 편견에 힘을 실어 준 분들이 계셨다. 바로 교회 주일 학교 선생님들이었다. 이들은 보통 인격적으로 매우 훌륭한 분들이었고, 가끔 떡볶이와 오징어 튀김, 심지어 라면도 사 주시면서 영적으로 육적으로 큰 은혜를 베풀어 주시는 분이었다. (지금도 그들을 존경하고 가끔 그리워한다.) 예수를 팔아먹은 가룟 유다 정도를 빼면 다른 사람 험담이라고는 하지 않는 분들이었다. 그런데 다윈에 대해서만은 예외였다. 다윈이라는 이름은 그냥 죄악 그 자체였으며 거의 김일성급이었다. 그러나 라마르크는 거론하지 않았다. 이러니 내가 다윈에게 마음을 열 틈이 있었겠는가?

고등학교 때 생물 선생님을 비롯한 몇몇 선생님께 푹 빠져 있었다면 종로 학원은 신세계였다. 물리와 화학 선생님의 가르침은 아직도 내게 그대로 남아 있다. 내 강의 테크닉의 상당 부분은 그들에게서 배운 것이다. 단어를 정확히 정의하고, 거기에 대한 예를 보여 주고, 헷갈리기 쉬운 부분을 미리 알려 준 후 죽어라 암기를 시키는 것이다. 종로 학원에서 정말 많은 것을 배웠지만, 어찌 된 일인지 거기서 진화에 대해 뭔가를 배웠다는 기억은 하나도 없다.

그렇다면 대학에 들어가서는 어땠을까? 나는 생화학을 전공했다. 비록 어처구니없게도 생화학을 '生化學'이 아니라 '生花學'으로 착각하고 공부를 시작하기는 했지만, 생물학과 출신의 교수님께 생물학을 제대로 배웠다. (그분이 말씀하시는 '아이언'이 iron(Fe)인지 아연(Zn)인지 가끔 헷갈리기도 했다.) 정말로 꼼꼼하게 가르치셨다. 너무 꼼꼼하게 모두 설명하셔서 정작 어떤 게 중요한 것인지 구분하지 못할 정도였다. 이런 분이 진화 챕터는 건너뛰셨다.

왜 진화를 건너뛰셨을까? 내가 정작 배우고 싶은 것은 그거였는데 말이다. 그때는 교수님의 신앙 때문이라고 생각했다. 독실한 기독교인의 입으로 차마 진화, 자연 선택, 찰스 다윈 따위를 거론하실 수 없었으리라. 같은 기독교인으로서 이해할 수 있다. 비록 나는 답답했지만 말이다. 지금은 생각이 다르다. 아마도 교수님은 진화를 이해하지 못했을 것 같다. 그러니 가르치지 않고 건너뛰신 것이다.

돌이켜 보면 이런 일은 한두 번이 아니었다. 한국에서 초등학교 때부터 대학원을 졸업할 때까지 그 어떤 선생님도 용불용설이든 자연 선택설이든 진화론을 이해하고 가르친 분은 없었다. 충분히 이해한다. 왜? 그들도 배워 본 적이 없기 때문이다. 1989년까지 대한민국에서 내가 만난 선생님 가운데 진화론을 이해한 분은 한 사람도 없었다고 나는 단언한다.

지동설이 맞다는 것을 어떻게 알까? 누가 우주선을 타고 높이 올라가서 내려다보고서는 "어이구, 저기 한가운데 태양이 있고 행성들이 태양을 돌고 있구먼!"이라고 말한 사람은 없다. 천동설이 틀렸으니 지동설이 맞을 수밖에 없는 것이다. 지금은 태양을 우주의 중심에 둔 갈릴레오의 지동설도 옳지 않다. 태양도 2억 2500만 년마다 한 바퀴씩 우리 은하의 중심을 돌고 있으니 말이다.

용불용설은 틀렸다. 이건 명확하다. 그렇다면 자연 선택설 쪽에 서서 진화를 살펴봐야 할 것 같은데 이걸 설명할 수 있는 사람은 주변에 한 명도 없다. 어이할꼬? 이럴 때는 스스로 길을 찾는 수밖에 없었다. 찰스 다윈의 『종의 기원』을 직접 읽는 수밖에……. 고백하건대 『종의 기원』을 읽어 내는 것은 정말 힘든 일이었다. 이것보다 더 지루한 책은 구약 성서의 「레위기」와 「민수기」뿐이라고 할 수 있다.

내가 제일 처음 접한 『종의 기원』은 1983년 김창한이 번역하고 집문당에서 펴낸 490여 쪽짜리 책이었다. 저자는 "다윈"이 아니라 "다아윈"이었다. 머리말을 읽으면서 다윈에 빠져들었다. 다윈은 당시 최고의 과학자였지만 무척이나 겸손했다. 그는 자그마치 33명의 이름을 언급하면서 진화론이 자기 혼자 연구한 결과가 아니라 오랜 과학 전통의 산물임을 강조했다. 그리고 자신이 갖고 있던 "종마다 개별적으로 창조되었다."라는 오랜 견해가 잘못되었다고 시인한다. 또한 자신이 주장하는 '자연 선택'이 진화의 유일한 방법은 아닐 것이라면서 자신의 이론에 독자들이 갇히는 것을 경계한다. 머리말이 이렇게 흥미진진하니 본문은 얼마나 재밌을까? 천만에! 다시 강조하건대 『종의 기원』은 세상에서 가장 재미없는 과학책이다.

「사육과 재배 하에서 발생하는 변이」라는 제목이 붙어 있는 1장은 다음과 같이 간단히 요약할 수 있다. 다윈은 오리, 비둘기, 고양이, 닭, 말, 개 같은 가축의 사례를 들면서 가축의 야생 종은 어떠했는지를 장황하게 설명하고는 야생 종과 가축 사이에 이렇게 큰 차이가 생기게 된 까닭은 바로 사람의 '선택' 때문이라고 말한다. 불과 몇 세대 동안에 이루어진 선택을 통해서도 이렇게 큰 차이가 발생했는데 오랜 세월 동안 진행된 자연 선택의 힘이 얼마나 클지 능히 짐작할 수 있지 않겠냐는 것이다.

간단한 정리와 달리 나는 1장을 읽는 데 무척이나 오랜 시간이 걸렸다는 것을 고백해야겠다. 1984년에 성서와 『종의 기원』을 함께 읽기 시작했다. 둘 다 중간에 무수히 포기할 수밖에 없었다. 성서는 「레위기」와 「민수기」가 문제였다. 하지만 결국은 다 읽었다. 그러나 『종의 기원』은 결국 1장을 끝내지 못했다. 도대체 무슨 말인지 이해할 수가 없었다. 무수히 많은 품종 이름이 나오는데, 그 품종이 어떤 놈인지 알 수 없으니 재미가 없었다.

독일 유학 중 내가 아직 『종의 기원』을 읽지 않았다는 사실을 알게 된 교수님은 "아니, 넌 어떻게 생화학자가 『종의 기원』도 안 읽었니? 당장 읽어 와!"라고 불호령을 내렸다. 독일어로 읽어도 서문만 재밌었다. 역시 1장이 문제였다. "박 씨가 새로 만들어 낸 멋진 비둘기 있잖여. 아, 글쎄, 옆 동네 김 씨가 그러는데 비둘기 이놈과 저놈을 교배시켰더니 그놈이 나왔다는 것 아녀." 하는 이야기가 나오고, 나오고 또 나온다. 모르는 단어가 나와서 독한 사전을 찾아보면 그 뜻은 그냥 '비둘기'다. 또 다른 단어를 찾아도 '비둘기'고, 또 다른 단어를 찾아도 '비둘기'다. 유럽 인들은 그 품종을 구분하는데, 우리말로는 다 비둘기니 재밌을 리가 있겠는가! (우리가 미역, 다시마, 모자반, 톳, 김을 구분하지만 서양 사람들에게는 이것들이 모두 '해초'인 것과 같다.) 지도 교수의 성화에도 불구하고, 나는 결국 그때도 1장을 넘기지 못했다.

나는 아직 어렸다. 자신을 자책하기보다는 찰스 다윈의 글쓰기 능력을 탓했다. '아! 이 사람, 정말 글 못 쓰는구나! 다윈은 비록 훌륭한 과학자이기는 하지만 글에는 '젬병'인 거야. 뭐, 대부분의 과학자들이 그렇잖아.' 하는 식으로 생각하고 스스로 믿어 버렸다. 몇 년이 지난 후에야 이 생각이 깨졌다. 찰스 다윈의 자서전 격인 『나의 삶은 서서히 진화해 왔다(*The Autobiography of Charles Darwin, 1809-1882*)』와 『비글 호 항해기(*The Voyage of the Beagle*)』를 읽어 보니 그는 빼어난 문필가였던 것이다.

그렇다면 다윈은 『종의 기원』을 왜 그따위로 썼을까? 여기에는 탁월한 전략이 숨어 있다. 19세기 영국의 상류 사회에서는 특이하게 생긴 비둘기와 개를 만들어 내는 육종이 대유행이었다. 영국의 독자들이라면 육종사의 인위 선택 이야기에 수긍할 수밖에 없었다. 다윈은 수없이 많은 육종사의 인위 선택 이야기를 반복한다. 육종에 관심이 없는 내게는 지겨운 이야기지만 육종에 관심이 많은 사람에게는 풍부한 사례인 것이다.

장대익 교수는 어디에선가 "책을 읽던 독자들은 어느 순간 '육종사'의 자리에 '자연'이 들어 있다는 것을 눈치채게 된다. 육종사에 의한 인위 선택이 어느덧 자연 선택으로 바뀌어 있는 것이다."라고 말했다.

다윈의 글쓰기 전략이 어찌나 탁월했는지, 『종의 기원』 초고를 살펴본 존 머리 출판사의 편집자는 1장만 출판하면 대박이 날 것이라고 찰스 다윈에게 조언했다고 한다. 물론 다윈은 웃으면서 흘려들었다. 그것은 다윈의 전략에 불과했으니까.

나는 『나의 삶은 서서히 진화해 왔다』와 『비글 호 항해기』를 모두 읽은 다음에야 『종의 기원』 1장을 마침내 끝낼 수 있었다. 1장을 넘기고 나니 나머지는 일사천리로 읽을 수 있었다. 마침내 『종의 기원』을 다 읽은 게 2007년의 일이다. 1984년에 읽기 시작했으니 꼬박 23년이 걸린 셈이다. 맘

소사! 비웃지 마시라. 아직도 내 주변에는 『종의 기원』을 읽지 못한 생물학자들이 널려 있다. (사실 읽었는지 안 읽었는지는 모르지만 읽었다는 생물학자를 못 봤다.)

지루한 책일수록 정리는 간단한 법이다. 종의 기원은 크게 3막으로 구성되어 있다.

1막은 '진화론의 윤곽'을 보여 준다. 농부의 품종 개량 이야기를 지루하게 늘어놓는다. 길들인 개와 비둘기를 예로 들면서 별개의 종이 생겨난다는 것을 보여 준다. 토머스 맬서스(Thomas Malthus, 1766~1834년)의 『인구론(An Essay on the Principle of Population)』에서 얻은 아이디어를 바탕으로 장기적인 종의 변화를 이끄는 메커니즘으로 '자연 선택'을 제시한다.

2막은 '진화론의 난점'을 설명한다. 눈처럼 극도로 완벽한 기관이 어떻게 우연적으로 생겨났는지, 뻐꾸기의 탁란과 생식 능력이 없는 일개미 집단의 협동 같은 미스터리를 제시하고, 자신의 이론을 입증하기에는 중간 화석이 너무나도 부족하다고 고민한다.

3막은 그럼에도 '진화론의 우월함'을 말한다. 화석 자료는 불완전하지만 종의 시간적 변화를 증언하고 있으며, 식물과 동물의 지리적 분포, 흔적 기관 등을 볼 때 자연 선택을 통한 진화의 이론은 생명 종이 고정되어 있다는 이론에 비해 우월하다는 것이다. 끝!

다윈에게 호의적인 사람들도『종의 기원』을 안 읽었으니 그에게 적대적인 사람들이 제대로 읽었을 리 만무하다. 소위 '창조 과학' 또는 '지적 설계론' 진영 사람들은 진화론에 허점이 많다고 지적한다. 그런 허점 때문에 다윈의 자연 선택론은 터무니없다는 것이다. 그런데 그들이 말하는 '허점'이란 다윈이『종의 기원』6장「이론의 난점」에서 이미 구체적으로 언급한 것들이다. 거기서 한 발짝도 나가지 못한 창조론자들이 안쓰러울 뿐이다. 이론의 주창자가 "이 이론에는 이런 문제점이 있어. 하지만 그럼에도 이러저러하니 자연 선택론이 진화를 가장 잘 설명하고 있지." 하고 있는데도, 그들은 "다윈은 이런 것도 모르고 있었어."라고 비웃는 꼴이다. 책 좀 읽자. 하지만『종의 기원』을 읽으라는 것은 아니다. 다윈에 호의적이든 적대적이든『종의 기원』은 쉽게 읽히는 책이 아니다.

그렇다면 나는『종의 기원』을 읽고 찰스 다윈의 자연 선택설을 이해했을까? 그럴 리가! 아주 먼 길을 돌아다닌 다음에야 다윈과 자연 선택설을 조금이나마 이해할 수 있게 되었다. 독자들에게 권한다. 일단 『종의 기원』을 서가에 꽂아 두자. 그렇다고 해서 다짜고짜 『종의 기원』을 집어 들지는 말자. 사전 작업이 필요하다. 나처럼 23년이나 걸려서 『종의 기원』 한 권을 읽는 것보다는 조금 돌아가는 게 훨씬 낫다.

겸손하게 시작하자. 만화책으로! 최고의 만화책은 제이 호슬러(Jay Hosler) 등이 쓴 『세상에서 가장 재미있는 진화 (EVOLUTION: The Story of Life on Earth)』다. 2013년에 나왔다. 만약 이 책이 10년만 일찍 나왔어도 내 인생이 바뀌었을 것이다. '최고'란 수식어가 전혀 아깝지 않다. 다만, 제대로 이해하려면 약간의 사전 지식이 필요하다. 무엇인들 그렇지 않겠는가? 장대익 교수의 해제가 붙어 있는 마이클 켈러(Michael Keller)의 『그래픽 종의 기원(Charles Darwin's on the Origin of Species: A garphic Adaptation)』도 좋다. 글로 된 책으로는 윤소영 선생님이 중학교 생물 교사 시절에 쓴 『종의 기원, 자연 선택의 신비를 밝히다』가 있다. 윤소영 선생님은 다윈보다 다윈의 진화론을 더 잘 설명한다. 다윈 이후의 진화 이론에 대한 설명도 충분하다. 다윈에서 최근에 이르는 진화 이론을 논쟁적으로 살펴보기를 원한다면 장대익의 『다윈의 식탁』이 최고다.

1859년 영국에서 『종의 기원』이 나왔다면 2008년 한국에서는 『다윈의 식탁』이 나왔다. 다윈 이후 150년 동안의 진화론 발전이 고스란히 담겨 있다. 나는 외국 출판사들이 왜 이 책의 판권을 수입해서 출판하지 않는지 모르겠다. 딴 나라에는 이런 책 없다. (내 느낌에 우리나라 최초의 진화학자는 최재천 교수다. 아쉽게도 나는 최 교수님께 가르침을 받을 기회가 없었다. 다행히 최재천 교수님이 키워 낸 장대익이란 걸출한 제자를 통해 많이 배웠다. 최재천 교수님께 경의를 표한다. "선생님, 감사합니다.")

이젠 『종의 기원』을 읽을 차례일까? 앞의 책들을 차례대로 읽었다면, 힘들어서 재미없는 『종의 기원』을 읽을 필요는 없다. (언젠가는 읽게 될 테지만) 차라리 최신 진화 이론들을 구체적으로 살펴보는 게 낫다. 뿌리와이파리 출판사의 「오파비니아」 시리즈는 일단 서가에 꽂아 둬야 하는 책들이다.

자연 선택을 통한 진화 이론은 따지고 보면 그리 어려운 게 아니다. 단지 편견과 무지라는 장벽에 갇힌 내가 받아들이기 어려웠을 뿐이다. 편견과 무지에서 조금이나마 벗어나니 자유롭다. 그렇다. 진화가 우리를 자유케 하리라.

이정모

기획의 변

강양구가 바라본 삼이(三李)

이명현에 대하여

2010년 11월의 어느 날이었다. 무심코 전화를 받았는데 낯선 목소리의 여성이었다. "이명현의 처 되는 사람이에요." 자세를 곧추세우고 인사를 드렸다. "어젯밤에 심근 경색으로 쓰러져서 지금 병원에 있어요. 다행히 응급 처치를 받아서 괜찮아요. 깨자마자 강 기자한테 전화하라고 해서 이렇게 연락해요."

운이 좋게도 나는 그 시점까지 한 번도 가족을 포함한 사랑하는 사람을 떠나보낸 적이 없었다. 놀란 마음에 안도의 한숨을 내쉬었다. 그러고 나서 내가 이명현을 얼마나 특별

하게 생각하는지 다시 한번 깨달았다. 철들고 나서 이렇게 각별한 평생의 인연을 만날 줄은 상상도 못 했었다. 그래, 인연의 시작은 이명현이었다.

내게 이명현은 선생님이다. 대학교 마지막 학기, 진로 고민을 어깨에 얹고서 졸업 학점을 조금이라도 높일 수 있는 교양 과목을 찾는 중이었다. '독서와 토론.' 책 읽기도 좋아하고 말하기도 좋아하는 나에게 맞춤한 과목이라는 생각이 들었다. 여러 분야의 개설 과목 가운데 이명현이라는 젊은

살아 보니, 진화

강사가 진행하는 과학 쪽이 만만해 보였다.

오판이었다. 취업 준비를 하는 와중에 매주 한 권 과학책을 읽고서 서평을 제출하는 일은 곤욕이었다. 하지만 「코스모스」를 촬영할 때의 칼 세이건과 닮은 (30대 후반이었던) 이명현의 시크한 매력을 마주하는 일은 즐거운 일이었다. 토론 과정을 지켜보다 던지는 날카로운 한두 마디가 오랫동안 여운을 남겼다. 즐거운 수업이었고, 기억하고 싶은 선생님이었다.

그러고 나서 첫 직장으로 선택한 과학 전문 출판사에서 초짜 편집자로 좌충우돌할 때, 이 시크한 선생님 생각이 났다. 좋은 과학책을 기획하고 싶다고 이메일을 보냈더니, 그는 국내에 나왔으면 싶은 여러 천문학 책의 목록으로 답했다. 비록 편집자에서 기자로 전업하는 바람에 그 목록은 쓸모없게 되었지만, 그와의 사적인 인연이 그렇게 시작되었다.

당시 이명현은 한국의 가장 뛰어난 전파 천문학자였다. 아직 전파 천문학이 학계에 자리를 잡지 못하던 국내 상황 때문에, 좀 더 노골적으로 말하면 다른 학자의 텃세 때문에 유학을 다녀와서 대학에 자리를 잡지 못했다. 하지만 그는 꿋꿋이 모교에서 비정규직 교수로 전파 천문학자 제자를 키웠고, 도심의 대학 한복판에 전파 천문대를 세웠다.

이명현은 자신의 연구 내용을 시민과 공유할 수 있는 남다른 능력이 있었다. 이런 능력의 기원은 청소년 때부터 별과 시를 통해서 벼른 남다른 감수성이었으리라. 그는 10대에 아마추어 천문학 동아리의 핵심 멤버로 별을 연구하는 과학자로서의 수련을 시작했고, 고등학교 문예반 활동 등을 통해서 시인이자 에세이스트로서의 습작을 시작했다.

내게 이명현은 좋은 친구이다. 몇 차례의 만남 이후에 우리는 곧바로 의기투합했다. 나는 별에는 별반 관심이 없었지만, 이명현의 별 이야기는 좋았다. 그리고 둘 다 책을 좋아하고, 술을 좋아하고, 결정적으로 사람을 좋아했다. 그나나나 남자 사람보다는 여자 사람을 좋아했지만, 띠동갑이 넘는 나이 차(1963년생과 1977년생)만큼이나 이런 취향 차이도 둘의 친교를 막지 못했다.

이명현은 놀라운 재주가 있다. 그는 어떤 과학 이야기도 시처럼 아름답게 연출하는 타고난 능력이 있다. 고백하자면, 몇몇 글을 읽고서 질투도 느꼈다. 나도 모르게 눈물을 쏟아 낸 글들이 그랬다. 새삼 깨달았다. 그의 글이 아름다운 이유는 그가 삶에 무한한 애정을 가졌기 때문이다.

살아 보니, 진화

이명현은 누구보다 확실성을 추구하는 과학자지만, 불확실성으로 점철된 삶의 모호성마저도 기꺼이 인정하고 받아들인다. 그는 삶의 여정에서 맺은 수많은 인연에 아낌없이 애정을 쏟을 줄 아는 로맨티시스트다. 오랫동안 그의 사랑을 직접 받아 봐서 안다. 그는 한국뿐만 아니라 전 세계에서도 비슷한 사람을 찾기 힘든, 아름다운 글을 쓸 줄 아는 멋진 작가이자 사람이다.

이정모에 대하여

이명현과 함께 어울리면서 그의 동갑인 이정모를 만났다.

지행합일(知行合一). 생각과 행동이 맞춤한 사람은 되기도 어렵거니와 보기도 힘들다. 그런데 주변에 그런 사람이 있다면 어떨까? 결론부터 말하자면, 피곤하다. 불행하게도 내 주변에는 생각과 행동이 비교적 비슷한 사람이 몇몇 있고. 그 대표를 딱 한 명만 꼽자면 이정모이다. (둘을 꼽자면 앞으로 소개할 이권우가 포함된다.)

지금은 과학 커뮤니케이터 가운데 세 손가락 안에 드는 유명인이 되었지만, 내가 그를 처음 만날 때는 상당히 '걱정

되는' 선배였다. 독일에 유학까지 다녀왔지만, 과학자로서
는 '필수'라고 할 수 있는 박사 학위가 없었다. 속이 꽉 찬,
대중을 위한 과학 책을 펴냈는데 정재승(『과학 콘서트』)이나
이은희(『하리하라의 생물학 카페』) 같은 운이 없어서 텔레비전
에 소개가 안 되었다.

박사 학위가 없으니, 대학에 자리를 잡기도 어려워 보였
다. (그래도 능력이 출중해서 수도권 한 대학에서 이권우와 함께 몇 년
간 '교수' 소리를 듣긴 했다.) 베스트셀러가 되어도 생계를 꾸리

살아 보니, 진화

기 어려운 저술가의 삶도 위태로워 보였다. 이제야 하는 말이지만 당시 갓 사회 생활을 시작한 나는 이런 걱정도 했다. '아, 딸 둘이 나이도 어린데……'

사정이 그런데 오지랖도 넓었다. 돈, 돈, 돈 해도 모자랄 판에 가끔 만나면 대안 학교 같은 곳에 가서 과학 강의했던 일을 들려주곤 했다. "대안 학교에 가니까 말이야. 과학과 사회의 관계 같은 것만 중요하게 생각하고 과학 지식을 경시하는 거야. 그건 좀 아니지 않아?" 나는 속으로 이렇게 생각했다. '지금 선배가 대안 학교 걱정할 처지는 아니지 않아?'

그는 또 말 그대로 생활 정치인이었다. 고인이 된 한 대통령의 열성 지지자인 건 알았는데, 선거철이 되니까 말 그대로 정치꾼으로 돌변했다. 특정 정당, 특정 후보의 선거 운동에 발 벗고 나서더니, 2010년 지방 선거 때는 전국 최초로 살던 곳에서 야당 선거 연합(고양 무지개 연대)을 일궜다. 그때도 속으로 생각했다. '아, 저 오지랖!'

그러던 참에 깜짝 소식이 들렸다. 2011년 '우리나라 최초의 공립 자연사 박물관' 서대문 자연사 박물관 관장으로 취임한 것이다. 아니나 다를까, 그는 서대문 자연사 박물관을 시끌벅적한 곳으로 만들어 놓더니, 2017년 5월 17일 서울시 노원구에 개관한 서울 시립 과학관 초대 관장이 되면서 왁자지껄한 실험을 계속 이어 갔다.

천직이 '과학관장'이 아닌가 싶을 정도로 일을 잘하니 소문이 안 나면 이상하다. 어느 날, '고위 공무원' 신분이 되는 터라서 경쟁이 치열할 대로 치열한 유서 깊은 국립 과천 과학관 관장으로 임명되었다는 소식이 들렸다. 그의 경험과 철학을 덧칠한 국립 과천 과학관이 한 차원 업그레이드되었음은 물론이다. (바이러스 유행만 아니었더라면, 훨씬 빛났을 텐데 아쉽다.)

아, 이 이야기도 해야겠다. 이렇게 좌충우돌 살아가는 와중에 동네에서 만난 마음 맞는 이들과 의기투합해서 농업 기술 센터에서 농사를 배우고 "춘천까지 가서 시험을 봐 '유기농 기능사' 자격증도 취득했다." 그러고 나서 "우리가 먹을 것은 우리가 마련하겠다고" 생태 농업을 실험했다.

그동안 '각종 과학관장'이자 과학 커뮤니케이터 이정모의 존재만 접했더라면, 지금까지의 소개가 조금 낯설 수도 있다. 내가 만난 이정모는 '어울려' 살고 또 '함께' 생각하는 사람이다. '지식'이 아니라 '태도'로서의 과학은 바로 그렇게 어울려 살고 함께 생각하기 위한 접착제이고. 참, 내가 오지랖 넓게 걱정하던 두 딸은 이미 훌쩍 커서 아빠의 자랑 거리가 되었다.

이권우에 대하여

시간순으로만 따지자면 이권우와의 인연이 가장 늦었다.

2006년쯤이었을까. 포항에 본부를 둔 한 국제 과학 기구의 과학 문화팀에서 함께 일해 보자는 연락을 받았다. 본부가 있는 대한민국의 과학 문화 고양을 위해서 예산 일부를 쪼개서 과학 문화 사업을 벌이는데 기획 위원으로 함께하자는 제안이었다. 그때 이권우가 전화를 걸어서 낭랑한 목소리로 "강 기자 함께하죠." 하면서 참여를 권유했다.

그 기획 위원에는 이미 정재승(위원장), 이권우가 참여하고 있었고, 함께하던 물리학자가 건강상의 이유로 물러나게 되면서 내가 참여하게 되었다. (그 물리학자가 바로 김상욱이다.) 그리고 나중에 정재승, 이권우와 함께 내가 물러나면서 다음으로 그 자리 바통을 이어받은 과학자가 이명현이다. 이렇게 세상은 돌고 돈다.

　사실, 처음에는 긴장했다. 이권우의 '악명'을 이전부터 들었던 터였다. 한 성깔 하는 '도서 평론가'가 있는데 한 번 찍히면 큰일이라는 무서운 경고였다. 사회 생활 5년도 안 한 나로서는 당연히 긴장할 수밖에 없었다. 그런데 직접 만나 본 이권우는 책과 술을 좋아하는 '좋은' 선배라서 뜻밖에 죽이 잘 맞았다.

　사실, 이렇게 죽이 잘 맞은 이유는 따로 있었다. 우리는 '뒷담화'로 통했다. 몇몇 저자와 그들이 쓴 책을 놓고서 이

　　　　　　　　　　　　　살아 보니, 진화

러쿵저러쿵 의견을 교환하기 시작했는데, 좋은 평가와 나쁜 평가가 놀랄 만큼 일치했다. "나는 그이가 쓴 책은 무슨 소리인지 하나도 모르겠던데." "앗, 저도 그렇던데요?" 이러니 죽이 잘 맞을 수밖에. 생각해 보니, 이런 일화도 있었다.

2000년대 후반의 어느 연말, 평소 교류가 뜸했던 번역가 둘과의 친목 모임이었다. 그날 처음 만나는 한 번역가는 나에게 모종의 적대감도 가지고 있는 듯했다. 이런저런 이야기를 나누다, 내가 이권우와 친밀하다고 언급했다. 그 후에 어떻게 되었을까? "정말 이권우 선생님과 친하세요?" 분위기가 좋아졌다. 그는 이권우가 허투루 사람을 사귈 리가 없다고 확신한 것이다.

이권우는 이명현이나 이정모와는 달리 여러 사정으로 대학에서 정식으로 석사 과정이나 박사 과정을 밟지 않았다. 하지만, 어줍잖게 선배를 평가하자면 '학자'로서의 자질은 셋 가운데 이권우가 최고다. 엉덩이 무겁게 한 주제를 파고드는 탐구열도 그렇고, 해당 주제를 다루는 참고 문헌을 요령 있게 정리해서 핵심을 뽑아내는 솜씨가 그렇다.

이런 가정은 무의미하지만, 이권우가 자신의 원래 전공이었던 국문학이나 평생 관심의 끈을 놓지 않았던 종교학,

정치학(동양 철학) 등을 본격적으로 공부했다면, 그가 높이 평가하는 웬만한 학자보다도 더 높은 성취를 얻었으리라 확신한다. 하지만 1980년대 초중반이라는 시대가 이권우를 마음 편하게 공부하도록 놓아주지 않았다.

대신, 대한민국은 한 시대를 풍미한 불세출의 '독서 운동가'를 얻었다. 세상 사람이야 매체에 짧게 실린 이권우의 서평이나 부정기적으로 열리는 도서관의 강연으로 그를 접할 테다. 하지만 이른바 도서관 업계에서 그의 영향력은 절대적이다. 그가 공식, 비공식적으로 전국 곳곳의 사서와 함께 노력한 덕분에 오늘날 대한민국이 이만큼의 도서관 문화를 가질 수 있었다.

예를 들어 볼까? 2007년의 늦가을로 기억한다. 화천의 한 초등학교에 과학자 여럿이 모였다. 이명현, 이정모, 장대익, 정재승, 전중환 등. 나도 막내로 참여했다. 이권우가 평생 과학자를 한 명도 본 적이 없는 작은 시골 마을에 과학자가 찾아가서 무료로 강연하는 프로그램을 기획했고, 그 실험을 해 본 것이다.

이후에 비슷한 취지의 좋은 프로그램이 많아졌다. 나도 이명현, 김상욱과 함께 『과학 수다』라는 책을 펴내고 나서 전국 곳곳을 돌아다닌 적이 있다. 이 모든 선한 의도의 실천이 사실 이권우가 처음 기획하고 현실로 옮겼던 실험에서 비롯한 것이다. 좋은 선배 덕분에 나도 역사의 현장에서 한발 걸칠 수 있었다.

돌이켜 보면, 이명현 이정모 이권우와 나의 관계는 애정의 경사가 내 쪽으로 기울어져 있었다. 주로 요구하는 쪽은 나였고, 흔쾌히 응하는 쪽은 그들이었다. 20대, 30대 청춘의 철없는 고민 상담 상대가 되어 주었고, 결혼, 출산, 실직과 같은 인생사의 중요한 순간에 현명한 결정을 내리도록 도왔다.

옛 직장에서 서평 전문 웹진을 시작했을 때, 군말 없이 편집 위원을 맡으며 격려를 해 줬다. (이명현, 이권우) 때로는 원고를 펑크 낸 나쁜 필자를 대신해서 속된 말로 땜빵 원고를 쓰는 일도 마다하지 않았다. (이정모) 그렇게 내가 보채서 얻은 글의 다수가 엮여서 책으로도 나왔다. 이 셋이 쓴 글의 첫 독자는 대개가 나였다.

이 셋이 어느새 환갑이 되었단다. 이들을 처음 만날 때 20대에서 30대로 넘어가던 시기였던 나도 40대 후반을 바라보는 나이가 되었다. 예전부터 농담처럼 당신들 환갑은 내가 챙겨 주겠다고 큰소리쳤다. 막상 환갑이 되어 보니, 자기들이 알아서 전국 곳곳의 도서관과 서점을 누비면서 환갑 잔치를 빙자한 새로운 실험을 할 줄은 몰랐지만.

나만큼이나 오랫동안 셋과 교류했던 과학자 장대익, 김상욱, 정재승에게 이들의 환갑에 맞춰서 뜻깊은 선물을 해 주자고 제안했다. 장대익과 함께한 『살아 보니, 진화』, 김상욱과 함께한 『살아 보니, 시간』, 정재승과 함께한 『살아 보니, 지능』은 이렇게 탄생했다. 과학과 책이 사람을 타고서 우정이 되는 멋진 모습을 여러분과 함께할 수 있어서 기분이 좋다.

앞으로도 오랫동안 이명현, 이정모, 이권우와 함께 유쾌한 실험을 계속할 수 있으면 좋겠다. 마지막으로 평생 하지 않을 말을 하고 마치자.

"이명현, 사랑해!"

"이정모, 사랑해!"

"이권우, 사랑해!"

이 책에서 소개된 책들

거름 편집부 엮음, 『철학사 비판』(거름, 1983년).

김윤성, 장대익, 신재식, 『종교 전쟁』(사이언스북스, 2009년).

대런 아세모글루, 사이먼 존슨, 김승진 옮김, 『권력과 진보』(생각의힘, 2023년).

루카치 죄르지, 김경식 옮김, 『소설의 이론』(문예출판사, 2007년).

뤼트허르 브레흐만, 조현욱 옮김, 『휴먼카인드』(인플루엔셜, 2021년).

마이클 샌델, 김선욱, 이수경 옮김, 『완벽에 대한 반론』(와이즈베리, 2016년).

마이클 켈러, 이충호 옮김, 『그래픽 종의 기원』(랜덤하우스코리아, 2010년).

배병삼, 『논어, 사람의 길을 열다』(사계절, 2005년).

배병삼, 『맹자, 마음의 정치학』(사계절, 2019년).

배병삼, 『한글 세대가 본 논어』(문학동네, 2002년).

윤소영, 『종의 기원, 자연 선택의 신비를 밝히다』(사계절, 2004년).

이명현, 김상욱, 강양구, 이정모 외, 『과학 수다 2』(사이언스북스, 2015년).

이언 모티머, 김부민 옮김, 『변화의 세기』(현암사, 2023년).

이정모, 『달력과 권력』(부키, 2001년).

장대익, 『공감의 반경』(바다출판사, 2022년).

장대익, 『다윈의 식탁』(바다출판사, 2015년).

재러드 다이아몬드, 강주헌 옮김, 『어제까지의 세계』(김영사, 2013년).

제이 호슬러, 김명남 옮김, 『세상에서 가장 재미있는 진화』(궁리, 2013년).

J. K. 롤링, 강동혁 옮김, 『해리 포터와 마법사의 돌』(문학수첩, 1999년).

찰스 다윈, 장대익 옮김, 『종의 기원』(사이언스북스, 2019년).

최재천, 『개미 제국의 발견』(사이언스북스, 1999년).

최재천, 『다윈의 사도들』(사이언스북스, 2023년).

칼 세이건, 홍승수 옮김, 『코스모스』(사이언스북스, 2004년).

프란스 드 월, 장대익, 황상익 옮김, 『침팬지 폴리틱스』(바다출판사, 2018년).

하비 콕스, 오강남 옮김, 『예수, 하버드에 오다』(문예출판사, 2004년).

205

살아 보니,
진화

1판 1쇄 찍음 2023년 12월 15일
1판 1쇄 펴냄 2023년 12월 20일

지은이 이권우, 이명현, 이정모, 장대익
기획·정리 강양구
펴낸이 박상준
펴낸곳 ㈜사이언스북스

출판등록 1997. 3. 24.(제16-1444호)
(06027) 서울특별시 강남구 도산대로1길 62
대표전화 515-2000   팩시밀리 515-2007
편집부 517-4263   팩시밀리 514-2329

ⓒ 이권우, 이명현, 이정모, 장대익, 강양구, 2023. Printed in Seoul, Korea.

ISBN 979-11-92908-31-1 03400